国家地理

珍稀鸟类全书

摄影：[美]乔尔·萨托（Joel Sartore）
著者：[美]诺亚·斯特瑞克（Noah Strycker）
译者：胡晗 王维

江苏凤凰科学技术出版社
·南京·

BIRDS OF THE PHOTO ARK

PHOTOGRAPHS / JOEL SARTORE

TEXT / NOAH STRYCKER

NATIONAL GEOGRAPHIC

1. 蓝脸鹦雀（*Erythrura trichroa*），无危；2. 双斑草雀（*Taeniopygia bichenovii*），无危；3. 褐头星雀（*Neochmia modesta*），无危；4. 栗胸文鸟（*Lonchura castaneothorax*），无危；5. 白耳草雀（*Poephila personata*），无危；6. 褐头星雀（*Neochmia modesta*），无危；7. 彩火尾雀（*Emblema pictum*），无危；8. 红眉火尾雀（*Neochmia temporalis*），无危；9. 星雀（*Neochmia ruficauda*），无危；10. 七彩文鸟（*Erythrura gouldiae*），近危。

CONTENTS / 目 录

白腹翠鸟（*Corythornis leucogaster leucogaster*），无危

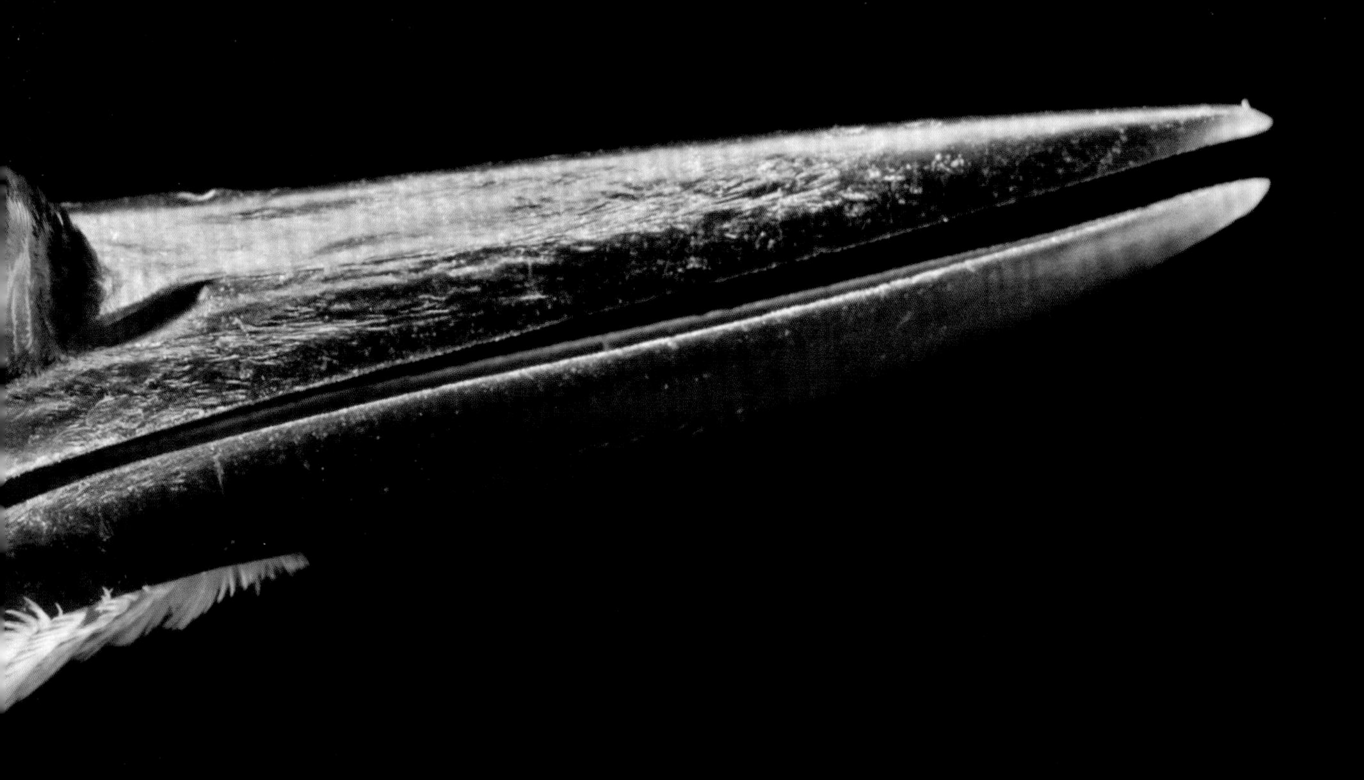

致一群卓越而美丽的灵魂：丽贝卡·莱特（Rebecca Wright）、杰西·格雷（Jessie Gray）、克里·赫斯（Keri Hess）、克里斯塔·史密斯（Krista Smith）和阿兰那·约翰逊（Alanna Johnson）。

这支内布拉斯加州平原上的小小队伍，唤醒了整个世界。

——乔尔·萨托（Joel Sartore）

序

中国科学院院士　周忠和

应邀为中文版《国家地理珍稀鸟类全书》作序，十分高兴。本书是《美国国家地理》(*National Geographic*)杂志濒危动物“影像方舟(Photo Ark)”项目的一部分，该项目由摄影师乔尔·萨托发起，意在为濒临灭绝的野生动物留下最后的影像资料，唤起公众对于生物灭绝危机的关注，从而加入到保护它们的行列中来。除了已出版成册的图书，项目发起人还在其官网上不断更新图片，使其具有更为广阔和持久的影响力。

该书由乔尔·萨托与诺亚·斯特瑞克共同完成，包括了在黑白色背景下近距离、高质量拍摄的超过300种世界范围内的珍稀鸟类照片，以及涵盖鸟类定义、起源、飞行、食性、繁衍等多个方面的文字介绍。这样一本赏心悦目的图书，无疑能够为鸟类爱好者们打开一扇新的奇妙世界之门，带来特有的自然与生命美的享受与心灵的震撼。

为什么要关注野生鸟类？这个问题可以从半个世纪前的一本书——《寂静的春天》说起。作者蕾切尔·卡逊在书中描写了一个鸟儿不再鸣唱的世界，叙述了鸟类是环境质量的最敏感指示物种，在维护生态平衡、丰富全球及地区生物多样性方面具有重要作用。这本书掀起了一场关注物种灭绝、拯救人类栖息地的自然保护浪潮，也引起越来越多的人开始认识到鸟类之于人类的价值。

鸟儿具有轻盈的羽毛、斑斓的色彩、完美的体型，能够发出独特的鸣声，为自然世界增添了灵动和活力，也为人类的科学研究插上想象的翅膀，给人类的生活增添了乐趣。更加值得一提的是，鸟类的演化历程也让我们对于生命演化的问题拥有了更深入的思考。鸟类起源研究是当今古生物学和进化生物学最热点的研究方向之一。恐龙向鸟类的转化已成为论证最翔实的重大生物演化事件之一。如今，鸟类是现生陆生脊椎动物中多样性最为丰富的类群之一，也是脊椎动物征服蓝天的壮举中最为成功的一支。一些鸟类生存故事充满了神奇色彩，例如被人津津乐道的北极燕鸥，从格陵兰岛到南极的漫漫迁徙路程长达 7 万千米，刷新了动物迁徙的最长纪录。

然而，即便如此，在人类这一充满了占有欲的智慧生物面前，一些鸟类还是难逃灭绝速率逐渐加快的命运。在国外，有许多的官方机构，如野生动物保护者、保护国际基金会、海洋保护协会、奥杜邦学会等，以及一些私人机构都投入了较多的财力、人力来保护野生动物及其栖息环境。在我国，也有越来越多的人认识到了保护生物多样性的重要性。上世纪 80 年代,政府颁布《野生动物保护法》并开展“爱鸟周”活动，加上许多人工繁育项目的展开，不少濒危的鸟类得以重新飞回蓝天。我国的观鸟队伍越来越壮大，鸟类摄影师增多，公众的关注度也逐渐升温，这是值得欣慰的事情。

本书的两位译者不仅是活跃在学术界研究古鸟类的青年古生物学家，更有趣的是，他们也是资深鸟迷，从小就被鸟类的神奇所吸引，经常参加和组织各种观鸟、保护鸟的活动。同时，他们都有着很好的英文基础、扎实的中文表达功底，以及较为系统的古脊椎动物学知识背景，在译稿中增加了许多注解，补充和更新了相关知识点，使得文本更具专业性和可读性。

亿万年的自然选择推动了生命的进化历程，造就了地球生物的多样性，更为地球增添了一道道美丽的风景。就像地球上的其他许多生物一样，鸟类是人类永远的朋友，应当更加和谐地与我们共享地球这一美好的家园。感谢“影像方舟”以及国内外一些类似的项目将这些即将灭绝的野生动物图片留存下来，未来即使它们不再与人类相伴，至少我们心中还有一份美好的记忆。

西王霸鹟（*Tyrannus verticalis*），无危

前言

乔尔·萨托（Joel Sartore）

本书将为大家呈现的是一群令人目眩神迷的美丽精灵。当这些鸟儿们身处黑白背景之中，它们真实的颜色和完美的身形立刻纤毫毕现。它们的一切都如此繁复而精巧，显露出一种经过时光雕琢的完美。当你在书页间流连时，不会觉得哪只吸蜜鸟的翅膀上多了根羽毛，也不会觉得哪只雉鸡的尾巴上少了根羽毛。一切都是那么的恰到好处。

每每看到鹤鸵、凤头鹦鹉和冠鸠，我都会忍不住赞叹大自然的神奇。然而，当我将目光投向自家的后院，我意识到那些常来造访的普通鸟儿们，对我有着更加非凡的意义。

我家位于美国中西部的内布拉斯加州，正好在北美中部的鸟类迁徙必经之路上。每年三月，我都会站在天空下满怀期待，期待着一阵强劲的南风为我们如约带来那些美丽的生灵。为此，我已经翘首以盼了整整一个冬天。最终，从远方而来的候鸟们将会如色彩缤纷的彗星一般，纷纷降落在内布拉斯加州的森林、草地和城郊。我们的喂鸟器将会满载美食，以期为它们未来几周的紧张工作提供足够的能量：筑巢、产卵、孵化、育幼、进攻、守卫，最终再度消失于天际。

令人欣慰的是，其中一些鸟儿会逗留一段时间，和我们一起度过整个夏季，比如金翅雀、知更鸟、红头啄木鸟、鸸和扑翅鴷。如果有片森林为你所心仪且每年都去游览，那么也许你会年复一年地在其中遇到同一拨鸟儿们，如同老友相聚。

令人惊诧的是，你的这些老友们可能是从另一块大陆千里迢迢而来。

是不是很疑惑它们如何能够飞越重洋赶来赴约?

对此我们几乎一无所知。

当然，我们已经了解到，长寿的鸟类如鹤类会向父母学习辨识迁徙途经的标志物，其他一些鸟类则会利用太阳或星星的角度，以及地球的磁场来导航，但这几乎是我们所了解的全部内容。尽管已经研究了数十年，但鸟类究竟是如何实现如此精准的环球大迁徙的，对于人类来说依然是个不解之谜。

以众多的莺类为例。生物学家认为莺类可能是以记住星图来为自己导航，而且不止一幅——毕竟春天和秋天的星空可是有所变化的。复杂之处还不止于此，一只要去阿肯色州的莺和另一只要来内布拉斯加州的莺，需要导航出的方向也是彼此不同的。

再举一个美洲燕的例子。当繁殖季节结束，一只仅 8 周大的美洲燕宝宝就会打点行装踏上旅途，它将靠自己的力量飞过数千千米，去往远在阿根廷的某个既定的目的地。

这些“小火箭”们从我们的后院点火发射，继而飞越千山万水抵达终点。它们的小脑袋里所拥有的智慧，远远超出了人类的想象。

过去十年间，我一直在进行一项针对所有人工圈养动物的拍摄计划，对象包括动物园中被悉心照料的稀有和常见物种，野生动物保护中心里的濒危动物，几近灭绝却被私人爱好者拯救回来的幸运儿，等等。这个名为“影像方舟”的项目计划拍摄全球约 13 000 种的圈养动物，而在动笔写作这本书时，我已经完成了其中 6 500 种[①]动物的拍

① 截至 2019 年 3 月 14 日，这一数字已增长至 9 000 种。

蓝脸吸蜜鸟（*Entomyzon cyanotis*），无危

摄，其中有近 2000 种是鸟类。毫无疑问，鸟类的确是我的心头之好。

自幼年起，鸟类便在我认识自然界的过程中扮演了重要的角色。它们在隐秘的森林高处唱着悦耳的曲调，往往只留下惊鸿一瞥就消失无踪。对我而言，它们是永远无法触碰的森林深处的秘密。

当鸟儿们在我的自行车和足球旁边飞来飞去时，我的父母曾试图唤起我对它们的热爱。然而，就像你现在正在体验的，最终是书籍给予了我来自这些飞羽精灵的初次震撼。我如饥似渴地翻阅着我的第一本鸟类图鉴，观察它们惊人的色彩，了解它们的名称和迁徙路线。很快，这本书就被我翻得破烂不堪了。

接下来到了 20 世纪 60 年代，妈妈送了我一本时代生活出版的名为《鸟类》(*The Birds*) 的书。书中有一张不甚清晰的黑白照片，主角是玛莎 (Martha) ——世界上最后一只旅鸽。玛莎的同类曾经数以亿计，但如此庞大的族群却迅速被人类猎杀殆尽，最终只剩下玛莎这最后一只，孤独地生活在辛辛那提动物园的笼舍中直至死去[①]。

我一遍又一遍地翻看着那张照片，以及书中其他已灭绝鸟类的黑白照片：石南鸡、拉布拉多鸭、大海雀、卡罗莱纳长尾鹦鹉……人类如何忍心亲手将它们推入灭绝的深渊?身为孩子的我感到深深的不解。如今，我依然没有答案。

正因如此，一旦有机会拍摄之前未拍摄过的鸟类，我都会全力以赴。我希望自己可以为它们发声，让世界知晓它们有多宝贵，让灭绝事件永不再现。

“影像方舟”项目的拍摄已经成为我人生中最大的荣耀，同时也是一份巨大的责任。对于很多鸟类来说，这可能是它们唯一会留存下来的完好记录，是它们向世界讲述自己故事的唯一机会。面对地球上令人惊叹的鸟类多样性，这本书所能展现出的，不过是冰山一角。

---

① 最新关于旅鸽的研究显示，尽管数量庞大，但旅鸽的遗传多样性相对其数目却非常低，这可能也是其在面对人类猎杀压力和栖息地丧失时无法适应而迅速灭绝的原因之一。

这些美丽的生物能否继续在地球上存活下去，取决于我们每个人的努力。“影像方舟”让很多人看见了他们从未有机会看见的成千上万种神奇生物,也许这样简单的“看见”正是一切的开端。如果人们连它们的存在都不知道,那么又怎能期待人们去保护它们呢?

当鸟类在清晨的窗外为我们歌唱时，那歌声绝不仅仅是为了吸引异性，或者保卫领地，那是真正的荒野之声。这歌声流淌自它们的心底，温柔而坚决。也许最美妙的事情就是，这些歌声能够一代又一代地伴随在我们身边，为此，我们必须守护好它们。

如何成为一名鸟类的守护者? 你可以从支持当地的自然保护中心开始，你也可以从为它们发声开始。让所有人知道，你拒绝在草地上施放任何化学物质，你希望森林、草原、湿地和河流湖泊都能完好无损。

良好的守护必定会耗费心力，但这是值得的。鸟类和人类的未来有着超出预期的互相影响。翱翔天际，或坠入深渊，我们将同生共死。

关于 IUCN 濒危物种红色名录濒危等级

国际自然保护联盟（IUCN, The International Union for Conservation of Nature and Natural Resources）是致力于保护物种多样性的国际组织。IUCN 濒危物种红色名录（The IUCN Red List of Threatened Species）收录了全世界的动植物名单，并根据灭绝风险一一进行评定。本书中出现的所有物种名称后，都将加上其 IUCN 保护级别如下：

EX: Extinct 灭绝

EW: Extinct in the Wild 野外灭绝

CR: Critically Endangered 极危

EN: Endangered 濒危

VU: Vulnerable 易危

NT: Near Threatened 近危

LC: Least Concern 无危

NE: Not Evaluated 未评估

导 言

诺亚·斯特瑞克（Noah Strycker）

鸟类就像空气与欢笑，它们无处不在。各种环境中都有鸟儿的身影，从海洋到山川，从沙漠到丛林，从赤道到两极。只要展开翅膀，它们就能无视重力也无视国境，自由地跨越所有的边界。正因如此，鸟类在世界各地都一直象征着自由、爱与和平。

在人类最早的艺术作品中就已经出现了鸟类：法国、印度和美国田纳西的洞穴岩画中，都出现了无数长着翅膀的生物，它们环绕在大型动物和猎手的周围。无人知晓究竟是什么促使当时的人们画下了这些图案，但这些作品让我们意识到，鸟类对人类的吸引由来已久。

为了记录这些带羽毛的朋友们，视觉艺术一直都是十分重要的形式。最近在澳大利亚北部发现的一处岩画上似乎描绘着一种神奇鸟类——“雷啸鸟”。这是一种失去飞行能力的巨鸟，体型比鸸鹋还要大三倍，人们推测它在 4 万年前就已经灭绝消失了。如果岩画上所绘的确是雷啸鸟，那这将是这种神奇动物唯一的真实肖像，同时也是澳大利亚最古老的艺术作品。这幅简单的速写记录下了一种灭绝动物的永恒瞬间，也重新定义了人类的历史。

让我们再举一个例子来说明图像的力量。在人类印刷史上，一本有关鸟类的书籍一度是史上最贵的出版物：2010 年时，约翰·詹姆斯·奥杜邦（John James Audubon）的《美洲鸟类》（*Birds of America*）首印本拍卖出了 1 150 万美元的天价。奥杜邦可能从未想象过，自己的作品有一天会如此值钱。为了躲避拿破仑帝国的兵役，奥杜邦在 18 岁时迁居美国，之后做了些生意旋即又破了产。他于 1820 年左右带着猎枪和画笔走进荒野，开启了记录北美野生鸟类的征途。最终，奥杜邦绘制出了 435 幅等比例大小的鸟类肖像，绝大部分描摹自以丝线固定的鸟类标本。这一巨著令欧洲上流社会为之着迷不已，奥杜邦——这个“美国樵夫”——从此声名远扬。他的画作至今已流传了近两百年，启蒙激励了一代又一代的鸟类爱好者。

尽管奥杜邦最主要的身份是画家，但他其实在以另一种方式研究鸟类，因此如今美国最大的鸟类保护组织——奥杜邦学会，会冠以他的名字也就不足为奇了。奥杜邦进行了北美鸟类的第一次环志[1]，在其职业生涯的后期他还意识到了鸟类种群数量所面临的威胁。不过当然，他最广为人知的成就，依然是他的画作。

和原始人类的岩画一样，奥杜邦在画《美洲鸟类》时并没有意识到它对人类的巨大价值。在被他画进书里后不久，很多鸟类就从地球上销声匿迹了——卡罗莱纳长尾鹦鹉、旅鸽、拉布拉多鸭、大海雀、爱斯基摩杓鹬、石南鸡……奥杜邦的画卷中所展示的美妙世界，如今已不复存在。

如今当人们思考如何进行环境保护的时候，总是聚焦在经费、政策、法律和规章条例等枯燥的细节之上。我们忽略了故事最精彩的部分在于：鸟类，乃至整个自然界的瑰丽是属于我们所有人的。我们需要的是像奥杜邦这样的领路人将人们领进这座宝藏，让

---

① 环志是将野生鸟类捕捉后，套上人工制作的标有唯一编码的脚环、颈环、翅环、翅旗等标志物，再放归野外，用以搜集研究鸟类的迁徙路线、繁殖、分类数据的研究方法。

非洲企鹅（*Spheniscus demersus*），濒危

人们学会欣赏与赞叹，最终在人群中形成自然保护的洪流。

鸟类是最易于观察的野生动物之一。无论你是谁，身处何方，你身边总会出现鸟类的倩影。鸟类和人类一样也是视听型动物，主要通过视觉和听觉来感知世界，而大部分哺乳动物、爬行动物、两栖动物和昆虫则往往依赖于其他的感官。正因如此，鸟类的很多行为能够为人类所理解与欣赏，而且相对于其他野生动物，它们也更易于接近。

奥杜邦的时代离我们远去已久，在那个懵懂的时代里，人们毫无节制地猎杀鸟类，有时作为食物，有时攫取羽毛，有时甚至将其发展成了一项运动。20 世纪初，一项针对猎杀水鸟的抗议活动促成了首部野生动物保护联邦法规的诞生，与之一同建立起来的还有美国国家野生动物保护系统（U.S. National Wildlife Refuge System）和英国皇家鸟类保护协会（U.K. Royal Society for the Protection of Birds）。环保力作《寂静的春天》为人们揭示了杀虫剂对鸟类和其他野生动物的危害，从而推动了 20 世纪 60 年代的杀虫剂清除运动，以及 1970 年美国国家环境保护局（U.S. Environmental Protection Agency）的设立。过去这数十年间，全世界有过数次关于濒危物种、生物多样性和气候变化的大讨论，而鸟类一直都是点燃它们的星星之火。

诱发这一切宏大事件最初的小火苗，也许只是因为某人多看了一只鸟一眼，而从此无法忘怀。小小的一次惊艳，也许最终就形成了席卷世界的风暴。

观鸟爱好者可能有科学家、猎人、赌徒、诗人、运动员和探险家等五花八门的职业，但无论何种身份，他们都有着对于观察、知识与体验的收集癖。这也正是我开始观鸟生涯的原因。在年幼之时，我就开始收集邮票、硬币、岩石、名片和扎内·格雷（Zane Grey）的书籍。五年级时的一天，老师在我们教室的窗户外挂上了一个塑料喂鸟器。从那以后，我正式开启了收集观鸟记录的旅途。

鸟类往往会引起人类天性中的求知欲。不同种鸟类大多

美洲家朱雀（*Haemorhous mexicanus*），无危

具有独特的习性和外观，这使得鸟种识别相对清楚明了。观鸟者的第一课就是意识到如果想要找到某种鸟儿，首要之事是前往它可能会出现的正确地点。观鸟简直就是一场寻宝游戏，你得循着各种线索，一步步找到传说中的宝藏。

鸟类研究者创造了众多不同的方法来对鸟类进行分类，远有卡尔·林奈（Carl Linnaeus）建立的拉丁双名法分类系统，如今已被广泛应用于所有生物，近则有各种各样的自助式野外图鉴，几乎描绘出了地球上每一个物种的形象。人类一直在试图对鸟类世界进行细化，不断尝试将其分解为更小的单元进行研究。自然界过于宏大，我们只能盲人摸象式地去了解它，努力将收集到的碎片信息进行整理，最终拼凑出一些相对完整的故事。

童年的小爱好在成年后最终成为了我的事业。多年来我一直从事野生动物研究工作，有时在狂风大作的岛屿和潮湿闷热的雨林里一待就是好几个月。尽管已经观鸟多年，我却始终没有丧失观察到新鸟种的兴奋与快乐。不过我逐渐意识到，这颗星球上有着太多种的鸟类，而我的时间，却太少了。因此在 2015 年，也就是我 28 岁之际，我决定送给自己一个“观鸟大年”：开启一次环球旅行，尽我所能记录下最多的鸟种，建立起属于自己的观鸟名录。

这一雄心壮志实施起来自然充满了艰辛。我马不停蹄地遍访了七大洲上的 41 个国家，在极少的预算下，我睡过沙发，睡过飞机，睡过雨林，睡过一切能省下住宿费的地方。为了延长白天的有效工作时间，我会每天赶在黎明前起床开启新的一天，而将旅行的时间尽量都安排在夜里。一路走来，我获得了无数鸟类爱好者的热情帮助，当我抵达旅途的终点时，我收获了 6 042 种鸟类的观察记录——这意味着在睡眠时间以外，平均每个小时我就能添上一笔新记录。这一列表超过了全球一半的鸟种数，也最终成为了新的观鸟世界纪录。

在旅途结束以后，我发现自己眼中的世界已经是一副新的面貌。就像奥杜邦在 19 世纪初为了记录美洲鸟类而踏上的旅途一样，这次环球探险本身比最终所记录的鸟种数目对我而言意义更为深远。在竭尽全力追寻鸟类的过程中，我的脚步遍及了这颗星球上的千山万水。这给予了我一个独特的视角，去审视鸟类在地球上的生存现状。

人类活动所引发的环境问题相当触目惊心，尤其当你发现原本应当丰美繁茂的热带雨林，却因为刀耕火种的农业传统、棕榈油种植园的发展、伐木业的兴盛，而如此轻易地消逝无踪。在我的观鸟大年中，我曾亲眼看到世界人口尤其是非洲和亚洲人口的暴增，是如何无情地吞噬了其他动物的栖息地。我也曾亲身体会到气候变化对于全球环境的影响：当地居民一遍遍地向我倾诉，近年来他们身处的环境是如何突然变得难以预测。人类和鸟类，正承受着某些相同的困扰。

尽管目睹了所有这些不容乐观的现状，但我依然发现了一个出人意料但令人振奋的惊喜。尽管中国、婆罗洲、肯尼亚、巴西和危地马拉等地区并没有观鸟的传统，但如今这些地区却都形成了鸟类爱好者的强大组织。在过去的十年里，得益于互联网和数码摄像以及其他科技的发展，鸟类以全新的形式吸引着新一代的爱好者踏出了家门。当身处五湖四海的鸟类爱好者得以彼此相连，他们就会不断地发现新方法去欣赏与保护这些身披羽毛的朋友们。曾经受众极少的小癖好，如今已在不知不觉间演变成了一场全球大联欢。

虽然听起来有点矛盾，但数码时代的来临确实点燃了自然探索的复兴之火。无论是源于荧幕时代带来的冲击，还是新技术掀起的革命，很多人如今都开始用自己的方式去发现和欣赏鸟类的美丽。对于生活在这个时代的鸟儿们而言，它们的未来受到了巨大的威胁，但它们同时也拥有着史无前例的关注。在我结束环球旅行归来时，我的心中已然照进了一束阳光：尽管现状相当糟糕，但所幸世界上依然有很多人对大自然怀着深切的爱与关怀。

带着这些思绪，在这段漫长旅途给予我的新鲜感尚未褪去之时，你手中的这本书逐渐开始成型。

乔尔·萨托周游世界拍摄下的这些圈养动物肖像，能让你欣赏到前所未见的各种细节。野生鸟类摄影的难度非常高，正如一位朋友向我抱怨的，鸟类简直是“快门谋杀者”。我们极少有机会能够与它们如此亲近。

当你得以靠近它们，你会发现鸟类有着很多人类自以为所独有的特征。它们有着自己的表达方式，有着不同的情绪以及个性：有些看起来很羞涩，有些是好奇宝宝，有些则满脸写着“有没有吃的”。一只非洲企鹅时刻像是在不失礼貌地询问你有没有鱼喂它，而美洲家朱雀和大黄脚鹬则看上去一身骄傲。

以上的描述可能过于拟人，毕竟动物们可不会意识到自己的照片会被印刷出版，更不会给你摆出格外上镜的姿势。然而鸟类的确能够显露出一些情绪，这点与人类颇为类似。我们不能因为人类有这些特性，而否定其他动物其实也有。因此如果你在翻阅本书时，突然感到进入了某只鸟儿的内心世界，无须惊慌，静静体会就好。

当你沉浸其中，乔尔的摄影作品将会给你带来无与伦比的奇妙体验。书中的很多鸟类都十分珍稀，野外已经难觅踪迹，其中不乏极度濒危的物种，如已野外灭绝仅存少数圈养个体的索岛哀鸽。这些肖像是它们在地球上生存的证据，尽管这一存在感已是微乎其微。所幸，书中其他大部分鸟类依然生活在它们的原生栖息地之中，分布在世界的各个角落。想到如此美丽的生物们竟真实地与我们生活在同一个星球上，不禁令人欣慰不已。

对于乔尔拍摄记录全球所有圈养动物的宏伟计划，我倍感钦佩。他可以称得上是当代奥杜邦，带领着我们一步步走近大自然的瑰丽雄奇。

离得近一点，再近一点。你会看到，《国家地理珍稀鸟类全书》中的鸟儿们在几厘米之外，也正静静地凝望着你。

大黄脚鹬（*Tringa melanoleuca*），无危

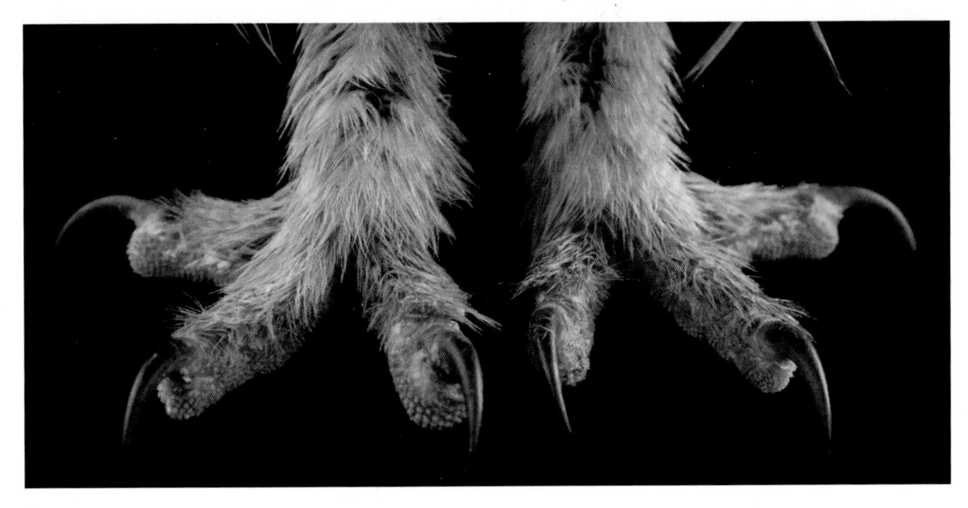

1 什么是鸟？

构建一只鸟

羽毛华美，歌喉婉转，在空中自由来去，飞越千山万水亦不在话下——毫无疑问，鸟类是自然界惊艳绝才的一道风景。细想之下，人类和鸟类有着很多的共同之处，两者的 DNA 序列也有着约 60% 的重叠。基于遗传学和行为学上的相似性，研究鸟类无疑能够帮助我们了解自身，不论是疾病的免疫能力，还是细胞的结构机制。

剩下那 40% 不重叠的基因则塑造了我们和鸟类之间纷繁多样的差异。绝大部分鸟类都具有轻巧灵敏的身体，高度适应于飞行的习性。上亿年的演化赋予了它们令人惊叹的特质，比如很多鸟类的骨骼重量极轻，甚至轻于它们的羽毛。鸟类的呼吸系统比我们高效得多，消化系统更是无比流畅。为了适应飞行，鸟类还演化出了出众的视觉、敏锐的听觉和高速的反应能力。和它们比起来，人类的身体实在是乏善可陈。

想要了解鸟类，最好从它们的生理特征开始，比如生长发育、形态特征以及多样性。为了真正深刻地了解这些身披飞羽的精灵们，我们最好由内而外细细观察。

左图：大蓝蕉鹃（*Corythaeola cristata*），无危
这种颇为壮观的大鸟分布于非洲中西部，体长近一米却仅重约 900 克。

火鸡（*Meleagris gallopavo intermedia*），无危

和绝大多数鸟类一样，火鸡的消化系统极其高效。它可能只需不到 4 个小时就可以消化掉一顿丰盛的大餐。

白脸角鸮[①]（*Ptilopsis leucotis*），无危

白脸角鸮仅分布于非洲中部，它的脸盘微微内凹，是协助其听声辨位的反射器。

① 鸮（xiāo），全书鸟名生僻字注音请见鸟类名录索引。

最后的恐龙

大约 6 600 万年前，一颗巨大的小行星撞击了地球，所有的恐龙随之灭绝——除了长着翅膀和羽毛的一个支系逃过了一劫。如今我们称这一支系为鸟类，它们也是这颗星球上幸存至今的最后的恐龙。

鸟类起源于兽脚类恐龙。这是一个相当多样化的类群，其中包括了鼎鼎大名的霸王龙和伶盗龙。德国发现的始祖鸟是一种位于非鸟恐龙和现代鸟类之间的化石鸟类，它生活的时代距今约 1.5 亿年。始祖鸟和乌鸦体型相当，长着爪子、牙齿、骨质的长尾以及飞羽。最近发现于缅甸的一块距今 9 900 万年的琥珀之中，人们还发现了一条长着羽毛的恐龙的尾巴。

最原始的现代鸟类当属非洲鸵鸟，以及其他一些几乎完全失去飞行能力的鸟类：美洲鸵、鸸、几维鸟、鹂鹋以及鹤鸵。这些鸟类高大强壮的形象仿佛在向世界宣告：我们就是活生生的，地球上最后的恐龙[1]。

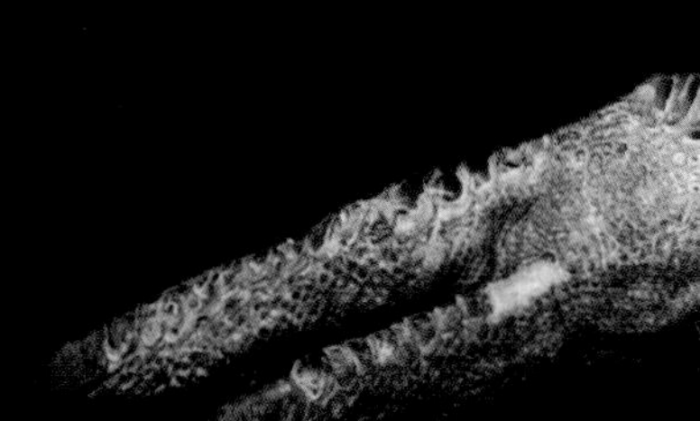

① 虽然鸵鸟等失去飞行能力的平胸鸟类的确形似非鸟恐龙，但目前一般认为它们飞行能力的丢失是次生退化而来，并非沿袭了其恐龙祖先的特征。

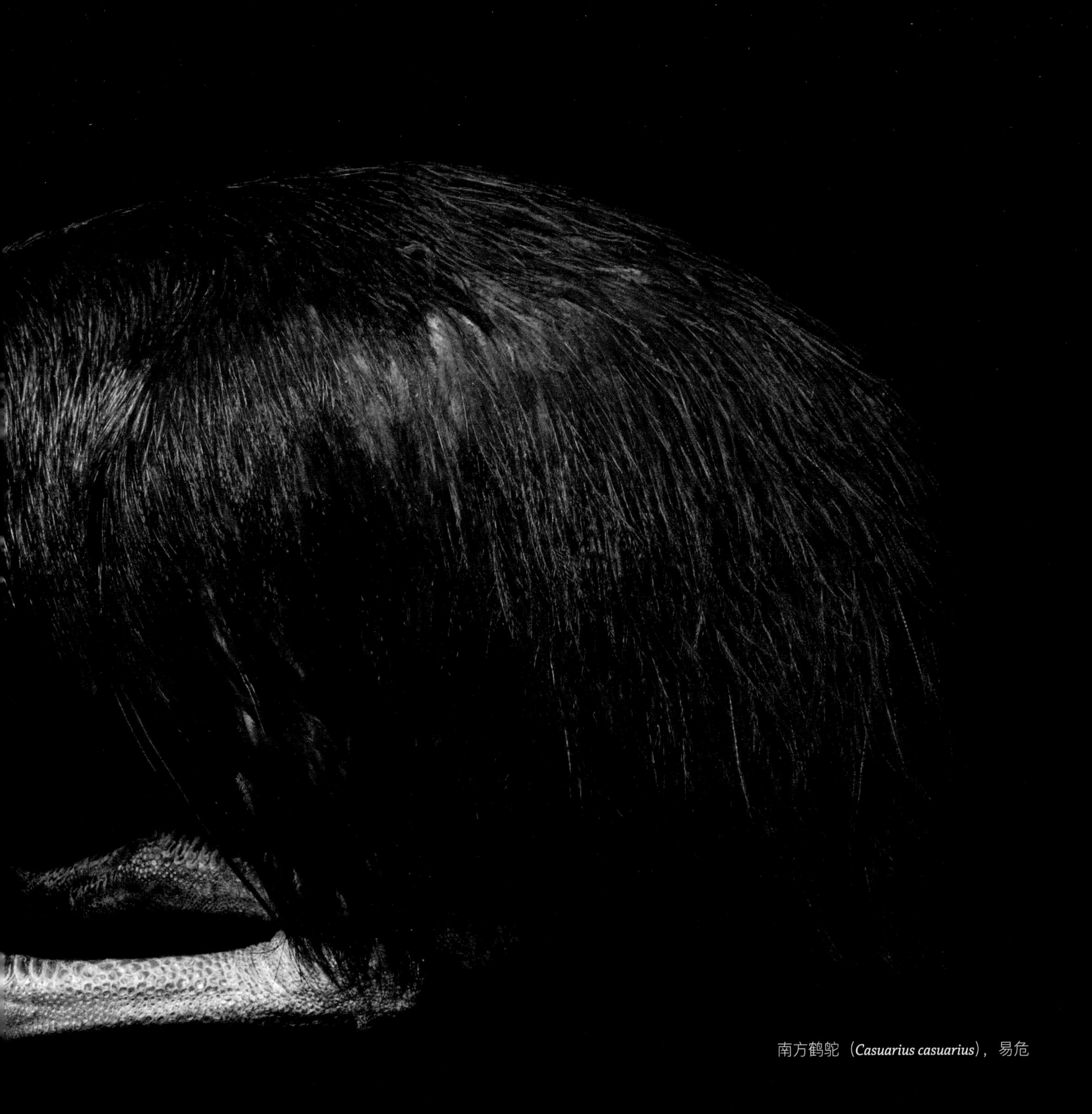

南方鹤鸵（*Casuarius casuarius*），易危

大�（*Tinamus major castaneiceps*），近危

�是一种中等体型的鸟类，分布于南美洲大陆之上，是当今地球上最原始的现生鸟类之一。

凤头鴂（*Eudromia elegans*），无危

凤头鴂的脑袋上顶着一簇微微弯曲的冠羽，这也正是它名字的由来。这种鸟类一生中大部分的时间里都在低矮的灌木丛中搜寻食物。

鸽子

鸽子的家族十分兴旺，世界上有 351 种不同的鸽子。除了城市里常见的鸽子形象，有些种类的鸽子还拥有着明艳的体色、美丽的冠羽和喙部疣饰，十分动人。

左页：蓝凤冠鸠（*Goura cristata*），易危；

本页：1. 白顶鸽（*Patagioenas leucocephala*），近危；2. 筋斗鸽（原鸽培育而来）（*Columba livia*）（家养），无危；3. 尼柯巴鸠（*Caloenas nicobarica*），近危；4. 红疣皇鸠（*Ducula rubricera*），近危；5. 扇尾鸽（原鸽培育而来）（*Columba livia*）（家养），无危；6. 姬地鸠（*Geopelia cuneata*），无危。

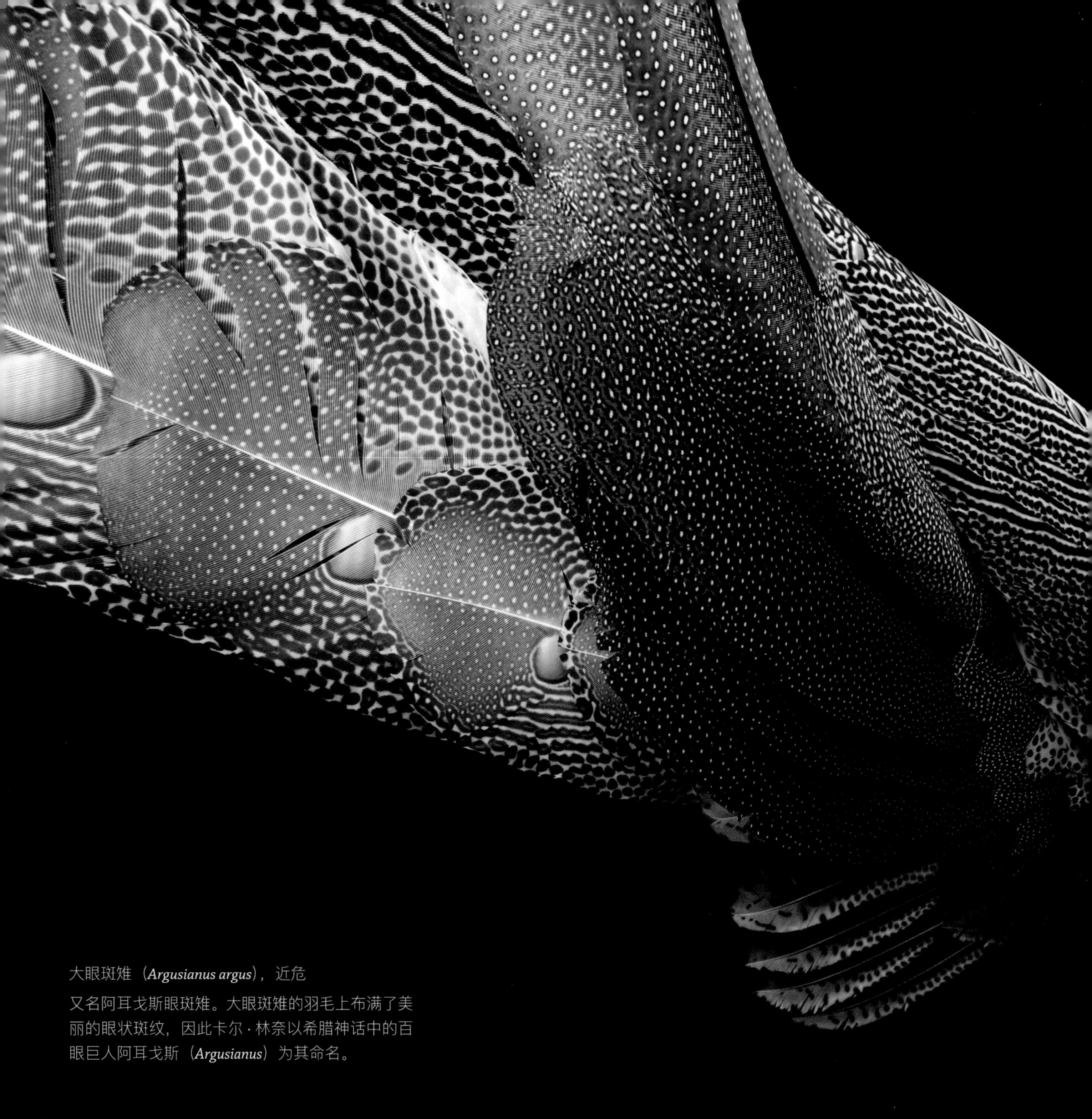

大眼斑雉（*Argusianus argus*），近危

又名阿耳戈斯眼斑雉。大眼斑雉的羽毛上布满了美丽的眼状斑纹，因此卡尔·林奈以希腊神话中的百眼巨人阿耳戈斯（*Argusianus*）为其命名。

何为鸟类

一系列的身体特征令鸟类成为了生物界中独特的一支，被称为“鸟纲”（Aves）。它们和其他长有脊椎的动物们一起，组成了脊索动物门（Chordata）[①]。

羽毛是鸟类身上最为突出的特征之一，鸟类也是现生生物中唯一身披羽毛的动物。所有现生鸟类的牙齿都已经完全退化，而为角质喙所替代。它们还有着特殊的叉骨、凸起的胸骨和两房两室的心脏，前肢成翅而足上有鳞。鸟类为温血动物，新陈代谢速率很高。

鸟类产硬壳的蛋，胚胎早期和哺乳动物以及鱼类都颇为相似。随着重要器官的发育，胚胎开始呈现出鸟类的雏形，至其孵化出壳时已完全是一副鸟类的模样了。尽管有些鸟类出壳时连羽毛都没长全，但我们依然能轻易判断出这是一只鸟，而不是别的动物。鸟儿们从初次踏入世界的那一刻起，就是如此的与众不同。

① 一切长有脊椎的动物共同组成了脊椎动物亚门，而脊索动物门除了包括脊椎动物亚门，还包括一些具有脊索但无脊椎的动物。

金黄锥尾鹦鹉（*Guaruba guarouba*），易危

金黄锥尾鹦鹉出壳时羽毛并未长全，随着它的成长，针状的羽鞘中会不断长出羽毛。

尼柯巴鸠（*Caloenas nicobarica*），近危

很多鸟类在刚出壳时都和这只尼柯巴鸠宝宝一样，看上去颇像一只史前生物。

奇特的脚

鸟类走路时用的其实是脚趾而非脚掌，所以在类似人类膝关节的位置上其实是它的踝关节。鸟类有着各种形状和尺寸的奇特的脚。

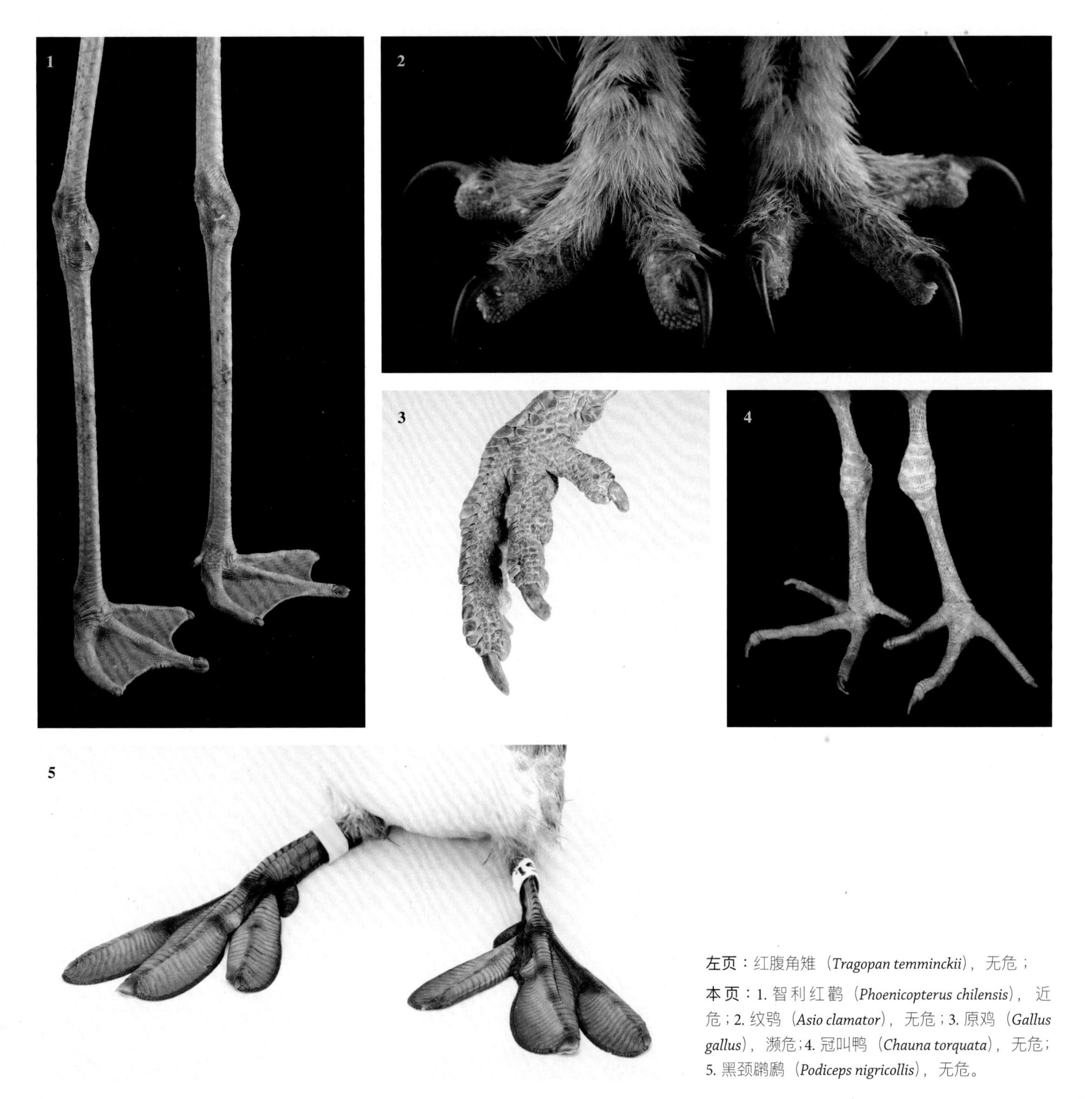

左页：红腹角雉（*Tragopan temminckii*），无危；

本页：1. 智利红鹳（*Phoenicopterus chilensis*），近危；2. 纹鸮（*Asio clamator*），无危；3. 原鸡（*Gallus gallus*），濒危；4. 冠叫鸭（*Chauna torquata*），无危；5. 黑颈䴙䴘（*Podiceps nigricollis*），无危。

据最新统计，地球上一共栖息着 10 711 种现生鸟类[1]，远多于哺乳动物、其他爬行动物以及两栖动物。从炎热的赤道，到冰封的极地，它们的身影遍及地球上的每一个角落。

现生鸟类分为 40 个目，又细分为 245 个科，其中最大的科为霸鹟科（436 种）、裸鼻雀科（384 种）和蜂鸟科（355 种）[2]。其中 34 个科都只有一个代表物种，而且往往相貌十分奇特：鲸头鹳长着惊人的大嘴；非洲的蛇鹫身体像鹰而双腿像鹤，能够踩住毒蛇进行捕食；南美的穴居鸟类油鸱和蝙蝠一样拥有回声定位的能力。

世界上存活着 2 000 亿 ~4 000 亿只鸟类个体。数目最为庞大的野生鸟类也许是非洲的一种小鸟——红嘴奎利亚雀，约有数十亿只野生个体。尽管这些数字足以令人惊叹不已，但相对于鸟类世界庞大恢弘的多样性，这一个体数目也就是勉强能够承载而已。

①② 根据国际鸟类学委员会编录的 2018 年世界鸟类名录修订

鲸头鹳（*Balaeniceps rex*），易危

蛇鹫（*Sagittarius serpentarius*），易危

蛇鹫修长的双腿完美地适应了非洲平原上的捕猎生活。

角海鹦（*Fratercula corniculata*），无危

作为海雀和海鸽的近亲，角海鹦超大号的喙部使它们能靠捕鱼为生。

1
2
3
4
5

6

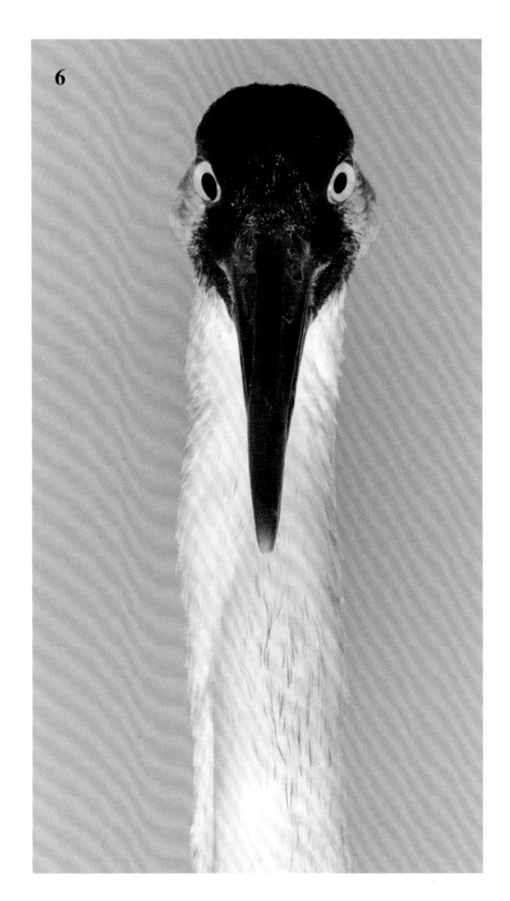

7

与鸟对视

鸟类的眼睛大多位于头部两侧，使得它们具有绝佳的视野。有些鸟类如林鸳鸯，视野范围可达近 360° 。猫头鹰则有些不同，它们的脸部完全朝前，从而拥有更好的双目视觉（binocular vision），形成了更强的立体感。不过代价就是它们得扭头才能看到身后，视野范围较其他鸟类小很多。

8

左页：1. 凤头黄眉企鹅（*Eudyptes chrysocome*），易危；2. 红腿叫鹤（*Cariama cristata*），无危；3. 白颊蕉鹃（*Tauraco leucotis*），无危；4. 林鸳鸯（*Aix sponsa*），无危；5. 美洲隼（*Falco sparverius*），无危；

本页：6. 美洲鹤（*Grus americana*），濒危；7. 黄雕鸮（*Bubo lacteus*），无危；8. 啄羊鹦鹉（*Nestor notabilis*），易危。

鹫珠鸡（*Acryllium vulturinum*），无危

鹫珠鸡生活在非洲东北部广袤的大草原上，光秃秃的脑袋和脖子极具特色。

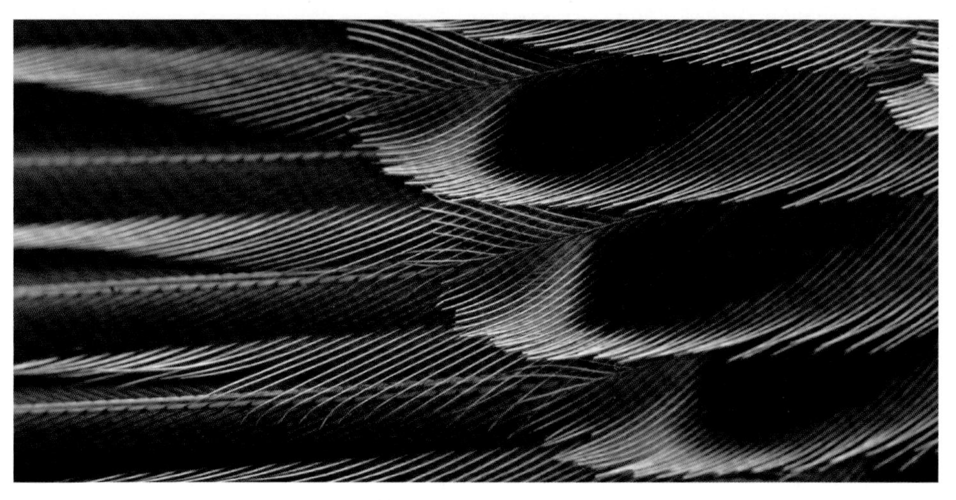

2 第一印象

第一眼

绝大部分鸟类都在一刻不停地移动，因此，我们第一眼看到的鸟往往是一道流光溢彩却转瞬即逝的风景。观鸟是门精微的艺术，有时候宛如用想象作画一般。

早期的鸟类学家和科学画家需要用丝线对鸟类标本进行固定，才能进行观察与绘画。现代社会发明出的光学仪器——相机和望远镜——则使得在自然环境中观察野生的鸟类更加容易。通过大致形象、大小和形状这些概略特征，观鸟者在野外往往能够迅速地对鸟类进行识别。这一过程无疑建立在人类认知辨识物体的基础原则与流程之上，但仅凭野外的惊鸿一瞥就认出一只鸟，这种体验依然充满了魔法般的梦幻感。

与鸟儿相遇的第一眼往往能带给我们很多信息：它的速度、大小、形状以及颜色。对于有些鸟儿，我们凭着这些信息就能在一秒钟内辨认出它们的身份。

左图：黑冕鹤（*Balearica pavonina*），易危
黑冕鹤生活在撒哈拉以南的非洲地区，粉红色的脸颊和井然有序的金色冠羽使你绝不会错认它们。

体型相似而颜色相异的各种雀：

1. 淡蓝梅花雀（*Estrilda caerulescens*），无危；
2. 蓝顶蓝饰雀（*Uraeginthus cyanocephalus*），无危；
3. 红头环喉雀（*Amadina erythrocephala*），无危；
4. 黑喉草雀（*Poephila cincta*），无危。

4
3

一眼认出它。

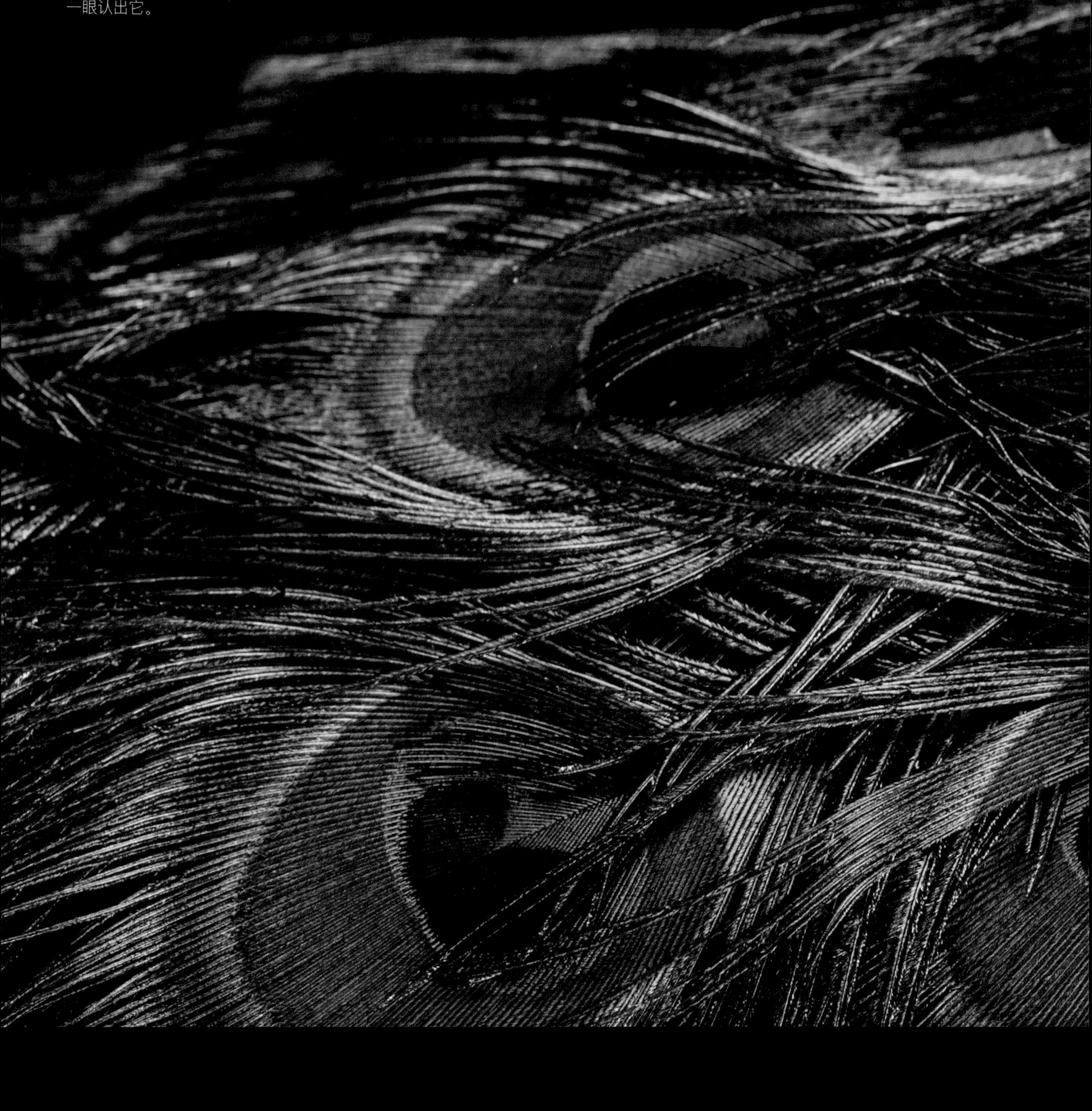

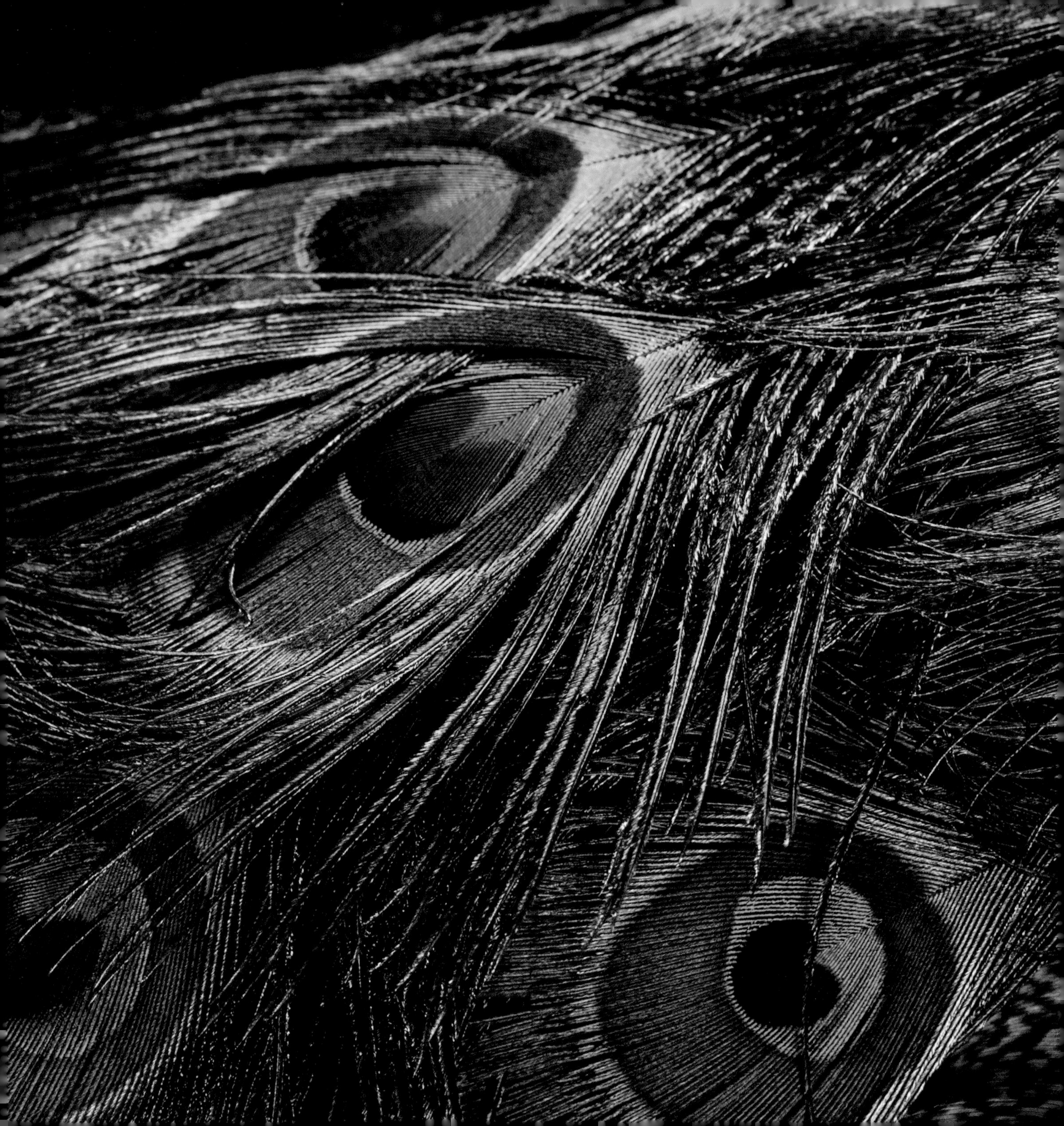

速度

扇动翅膀，御风而行，有些鸟类的飞行速度能够快到令人难以置信。从猛禽有力的俯冲，到雀类精细的扇翅，鸟儿们掌握着自由飞翔的秘诀。

曾经在一场南极的风暴中，一只灰头信天翁以近 130 千米的平均时速持续飞行了 9 个小时。普通楼燕是一种跟雪茄差不多大的小鸟，有着修长的翅膀。它们曾有着约 110 千米的主动飞行时速纪录，这也是无重力或风力辅助下鸟类的最快速度纪录。隼是世界公认的速度最快的鸟类：游隼的俯冲时速可达 390 千米，冠绝整个动物王国；矛隼是生活在北方的猎手，捕猎时的时速亦可超过 160 千米。

在极值的另一端，世界上飞得最慢的鸟可能当数小丘鹬，它们会在一小时内慢悠悠飞出去 8 千米。把眼光投向地面的话，你会发现企鹅能在一小时内摇摇摆摆走出近 3 千米，而强健的双脚使它们可以一口气走出很远很远的距离。

矛隼（*Falco rusticolus*），无危

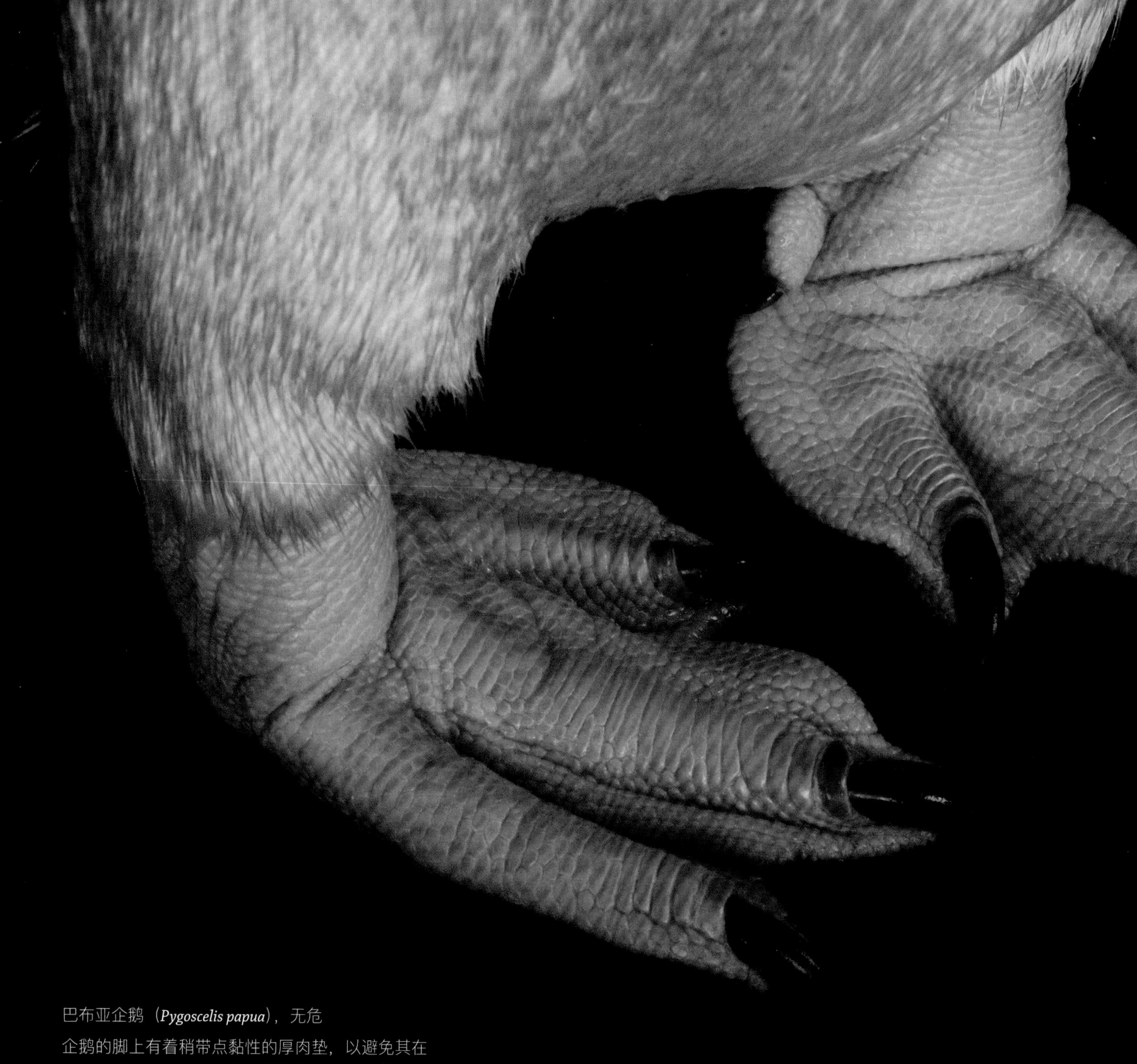

巴布亚企鹅（*Pygoscelis papua*），无危

企鹅的脚上有着稍带点黏性的厚肉垫，以避免其在冰面上摔倒。巴布亚企鹅虽然腿很短，但它们能够毫不费力地摇摇晃晃走很远。

燕隼（*Falco subbuteo*），无危

燕隼的翅膀呈尖三角形，能够在空中获得最大的灵活性。

金雕（*Aquila chrysaetos*），无危

金雕从高处俯冲向猎物时，时速可达 241 千米。

体型大小

非洲鸵鸟是最高、最重的现生鸟类，身高可达 2.7 米，体重可达 136 千克。在现生鸟类中，鸵鸟的蛋最大（约 1.4 千克），眼睛最大（眼球比脑还大），步距也最大（奔跑时一步可跨出约 4.5 米）。

虽然非洲鸵鸟的体型已经十分惊人，但在消逝已久的马达加斯加象鸟面前，依然是小巫见大巫——后者的体重可达 500 千克。这一庞然大物离我们而去的时间，距今不过数百年。

吸蜜蜂鸟则是另一个极端。这种古巴特有的鸟类身型极小，仅重约两克，跟一枚硬币差不多。它们产下的蛋几乎跟一颗咖啡豆差不多大。很多鸟类的体重其实比外表看上去更轻一些。一只山雀的体重大概也就 15 克左右，一张普通邮票就能把它寄走。

上图：纹翅食蜜鸟（*Pardalotus striatus*），无危

长腿的故事

涉禽修长的腿令它们可以在浅滩上四处漫步，长长的脖子又能保证它们觅食时可以低头触及水面。

1. 沙丘鹤（*Antigone canadensis*），无危；2. 白枕鹤（*Antigone vipio*），易危；3. 东方白鹳（*Ciconia boyciana*），濒危。

黄嘴鹮鹳（*Mycteria ibis*），无危

黄胸草鹀（*Ammodramus savannarum*），无危

将一只小鸟抓在手上必须十分当心，因为它们的身体无比纤细，然而同时它们也无比坚韧：这只黄胸草鹀能够闯过寒冷的风暴，完成几百千米的长途迁徙。

金腰钟声拟䴕（*Pogoniulus bilineatus*），无危

金腰钟声拟䴕是一种独居鸟类，个头和人类的小拇指差不多。

北岛褐几维鸟（*Apteryx mantelli*），濒危

身体形状

鸟类的身体轮廓和羽毛颜色一样具有辨识性。想想几维鸟吧，即使世界上有着无数的褐色鸟儿，你也不会把它们和身形矮墩墩的几维鸟混淆起来。

鹭苗条的身材曲线，水雉夸张的纤长脚趾——所有的鸟类都有着自己独特的身体形状。体型大小在没有参照物时便难以判断，而身体形状则是更为稳定的鉴别标准。我们常常使用比例来描述一只鸟，比如绿翅金刚鹦鹉的喙部和它的头部一样高，褐鹈鹕的喙部占了整个体长的四分之一。

由于负有各种功能，鸟类喙部的形状尤其多变。随着前肢演化成翅膀，鸟类的喙部承担起了取食、搬运、梳理羽毛和攻击防御的各项重任。喙部的形状往往蕴藏着这种鸟过往的演化历史，也暗示着它在这个世界上的生态位置。

短尾雕（*Terathopius ecaudatus*），近危

当短尾雕展开翅膀时，它的尾巴刚刚够着翅膀上飞羽的末端。这一特殊的短尾形态在非洲的猛禽之中相当独特。

1
2
3
4
5
6
7

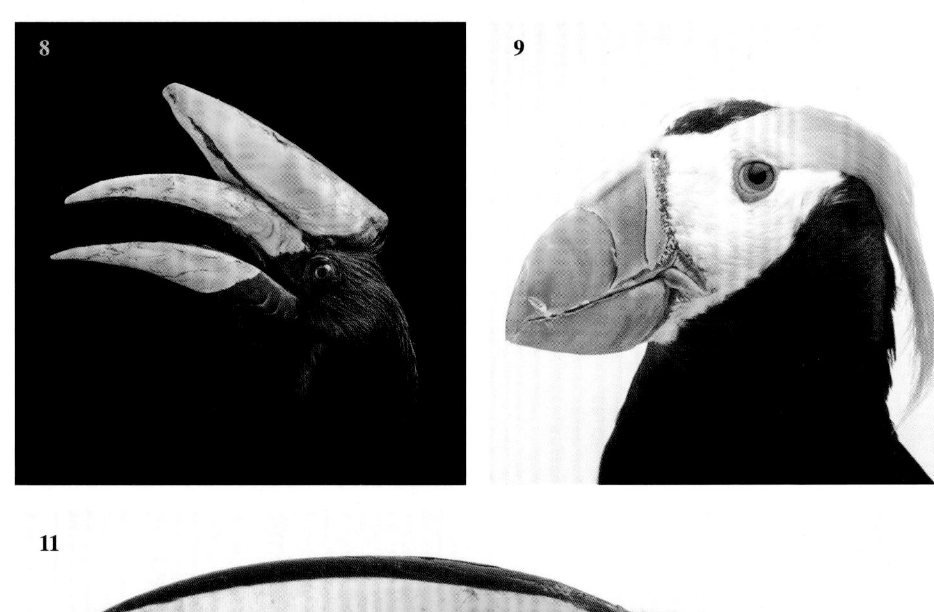

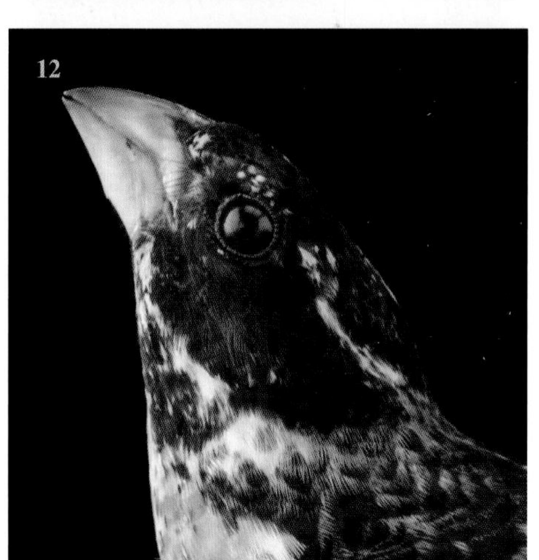

突出的喙

鸟喙的形状千变万化，往往与其取食对象有关：矛形的用来抓鱼，袋形的用来吞咽，筛形的用来过滤，胡桃夹形的用来压碎坚果，勺子形的用来筛选，针管形的用来吸食，钩形的则往往用来撕碎猎物。

左页：1. 鸳鸯（*Aix galericulata*），无危；2. 鸮鹦鹉（*Strigops habroptila*），极危；3. 安第斯神鹰（*Vultur gryphus*），近危；4. 秘鲁鹈鹕（*Pelecanus thagus*），近危；5. 大白鹭（*Ardea alba*），无危；6. 肉垂凤冠雉（*Crax globulosa*），濒危；7. 非洲琵鹭（*Platalea alba*），无危；

本页：8. 马来犀鸟（*Buceros rhinoceros*），近危；9. 簇羽海鹦（*Fratercula cirrhata*），无危；10. 美洲红鹳（*Phoenicopterus ruber*），无危；11. 多斑簇舌巨嘴鸟（*Pteroglossus pluricinctus*），无危；12. 玫胸白斑翅雀（*Pheucticus ludovicianus*），无危。

茶色蟆口鸱（*Podargus strigoides*），无危

澳大利亚的茶色蟆口鸱有点儿像猫头鹰，但有着极具特色的大宽嘴。

肉垂水雉（*Jacana jacana hypomelaena*），无危

肉垂水雉有着夸张的大长腿和长脚趾，令其在行走时能够维持微妙的平衡。

斑斓的色彩

人类的视网膜上有三种视锥细胞，分别对红色、绿色和蓝色最为敏感。鸟类则比人类多了一种对紫外光敏感的视锥细胞，从而为颜色的感知增加了一个新的维度。放眼整个动物界，鸟类对细微颜色差异的分辨能力显然是出类拔萃的，所以难怪它们有着如此五彩缤纷的色彩了。

艳丽的羽色能够吸引配偶，而灰暗的羽色则更易于隐藏。因此鸟类中颜色鲜艳的往往不会承担筑巢和保护后代等责任，而颜色暗淡的才是个中高手。羽毛颜色的形成主要有两种方式，一种为色素成色，通常由黑色素（黑色或棕色）和类胡萝卜素（红色、橙色或黄色）组合而成；另一种为结构成色，是所有蓝色和部分绿色的成因——如果你将光源从一根蓝色羽毛的前面移到后面，你就会发现它变成了棕色。

很多美艳绝伦的鸟类——比如蜂鸟——往往还有着彩虹色的羽毛。这种特殊的彩虹色来自于其羽毛上特殊的羽小枝结构，它能够像棱镜一样折射光线，使其从不同角度看会显现出不同的颜色。

头与尾

1. 绿翅金刚鹦鹉（*Ara chloropterus*），无危；2. 红眉亚马孙鹦鹉（*Amazona rhodocorytha*），濒危；3. 黑顶吸蜜鹦鹉（*Lorius lory*），无危；4. 红额亚马孙鹦鹉（*Amazona autumnalis*），无危；5. 紫蓝金刚鹦鹉（*Anodorhynchus hyacinthinus*），易危；6. 琉璃金刚鹦鹉（*Ara ararauna*），无危；7. 粉红凤头鹦鹉（*Eolophus roseicapilla*），无危；8. 黑腿鹦鹉（*Pionites xanthomerius*），无危。

橙腹鹦鹉（*Neophema chrysogaster*），极危

美洲红鹮（*Eudocimus ruber*），无危

美洲红鹮主要以带有类胡萝卜素的甲壳类为食，这一食性赋予了它浑身梦幻般的朱红色。

3 翱翔天际

起 飞

让人们投票选取最想获得的超能力时，飞行打败了读心术、隐身术、长生不老和时空旅行，勇夺桂冠——可见摆脱地心引力翱翔于天际，是多么令人向往。这是个有趣的结果,因为不像其他虚构出的超能力,飞行能力是真实存在的。鸟儿们对它早就习以为常。

试想下，如果人类和鸟儿一样能够振翅高飞，那该多好！我们将能从高处用无比宽广的视野俯瞰世界，远离俗世的纷纷扰扰。飞翔往往还喻示着爱的诗意，当你展开翅膀逃离引力的樊笼，新世界的大门将在你眼前徐徐打开。

对于鸟类来说，飞翔显然更偏向于实用性，这是它们从一个地方移动到另一个地方的“交通”手段，约 99.5% 的现生鸟类都会飞，即使是少数不能飞的鸟类，如企鹅和几维鸟，它们的祖先也同样有着飞行这一技能。

无论是涉及羽毛的演化和身体的移动，还是社交手段或长距离迁徙，飞行都是鸟类一生中不可或缺的重要组成部分。

左图：红嘴巨鸥（*Hydroprogne caspia*），无危

红嘴巨鸥是体型最大的鸥类。它们飞行能力高超，在世界各个角落都有分布，有时一个集群中的个体数目可达一万只。

帽带企鹅（*Pygoscelis antarcticus*），无危

绝大多数鸟类都会飞，即使是失去飞行能力的少数鸟类，如南极的帽带企鹅，据研究也是演化自会飞的祖先类群。

特殊的羽毛

在上亿年前羽毛为什么而出现，至今依然是个谜团。化石记录显示在真正的鸟类飞上蓝天之前，很多非鸟恐龙已经演化出了羽毛。早期的羽毛可能具有以下功能：保持体温、展示颜色、维持平衡，甚至可能是自我防御。

科学家至今仍无法确定鸟儿最初是如何使用那些羽毛的。爬坡时振翅以获得助力？像鼯鼠一样从树上跳下实现滑翔？还是有什么其他的方式？飞行的起源与演化一直是科学研究的热门领域，其中诞生了诸多不同的理论和模型。

如今的鸟类羽毛在实现轻量化的同时，还兼具耐用性、灵活性与可塑性。除了形成翅膀，羽毛还能为鸟类调节体温、保持水分以及提供伪装和掩饰。有些绚丽夺目的羽毛则仅仅是为了求偶时的炫耀，美就是它们唯一的存在意义。

新几内亚极乐鸟（*Paradisaea raggiana*），无危

安达曼草鸮（*Tyto deroepstorffi*），无危

图中的安达曼草鸮展开了一只翅膀，上面的羽毛尤其适宜在夜间进行悄无声息的飞行。

欧绒鸭（*Somateria mollissima dresseri*），近危

由于生活在寒冷的北极地区，欧绒鸭需要更茂密的羽毛来保暖，而鸭绒正是比任何人造纤维都更轻更暖的保暖材料，当然，也更贵。

长嘴凤头鹦鹉（*Cacatua tenuirostris*），无危

醒目的冠羽

很多鹦鹉脑袋上都有着能随意开合的冠羽。冠羽是这些聪明的鸟儿们彼此间交流和表达情感的媒介，同时在它们复杂的求偶展示中也有一席之地。冠羽展开时使得它们看上去更大更有攻击性，因此有时还能帮它们吓退潜在的捕食者。

1. 葵花凤头鹦鹉（*Cacatua galerita*），无危；2. 玄凤鹦鹉（*Nymphicus hollandicus*），无危；3. 小葵花凤头鹦鹉（*Cacatua sulphurea*），极危；4. 红冠灰凤头鹦鹉（*Callocephalon fimbriatum*），无危；5. 棕树凤头鹦鹉（*Probosciger aterrimus*），无危。

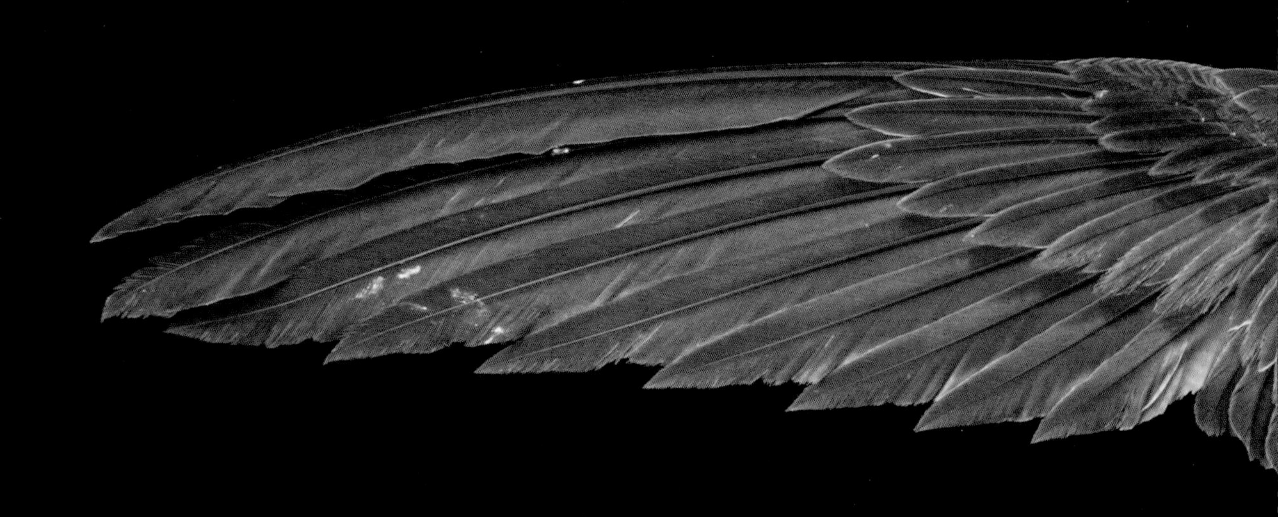

飞行的方式

有些鸟类飞起来仿佛优雅的芭蕾舞者，有些则迅猛如球场上冲锋陷阵的后卫。不同的飞行方式需要使用不同的振翅技巧，即使是同一只鸟儿，在面对不同的情境时都可能会使出几种不同的飞行技能。

鸟儿翅膀的形状往往会透露出它的飞行方式。欧洲的普通楼燕一生中大部分的时间都在空中飞行，它们又长又尖的翅膀有着极高的长宽比，有助于它们借着风力滑翔。对于那些穿梭在茂密森林中的鸟类，比如一些鹰和鸣禽，它们相

普通楼燕（*Apus apus*），无危

褐头翡翠（*Halcyon albiventris*），无危

褐头翡翠飞过时留下的一抹美丽的蓝色，是非洲南部天空中一道常见的风景。

白颈蜂鸟（*Florisuga mellivora*），无危

蜂鸟的奇异之处在于它们的翅膀能够翻转很大的角度，因此可以在空中悬停甚至倒着向后飞。

白枕鹊鸭（*Bucephala albeola*），无危

白枕鹊鸭的身形小巧紧凑，飞起来快而有力，活像一只呼呼转动的足球。

集 群

和一群水牛、一群鱼或是一群昆虫相类似，一群鸟儿的运动轨迹是可以预判的。很多鸟类都会集群以寻找同伴，获得安全感。当大量个体聚集在一起时，它们的移动节奏几乎是完全同步的。

大雁会在空中排成 V 字形往前飞，群体的力量能够让捕猎者敬而远之，同时它们还会轮换去当领队以避免疲劳。有些椋鸟和雀类会在冬天时上百万只地聚集在一起，移动

环喉雀（*Amadina fasciata*），无危

起来宛如遮天蔽日的云朵。当春天来临时，集群则又会解散成一对一对的小家庭，各自占据着自己的领地。

当然，并不是所有的鸟儿都有集群的习性。蜂鸟是出了名的活泼好动，它们很难长时间地保持住一支队伍。信天翁则是天生的独行侠，它们仅会在食物富集地以及繁殖地大量集群出现。毕竟如果不在繁殖地见面的话，对于绝大部分时间都独自漂泊在无垠大海上的信天翁来说，实在是太难有碰上配偶的机会了。

小白额雁（*Anser erythropus*），易危

生活在俄罗斯附近的小白额雁和其他很多水鸟一样，往往在冬天和迁徙时大量聚集成群。

1. 紫辉椋鸟（*Lamprotornis purpureus*），无危；2. 栗头丽椋鸟（*Lamprotornis superbus*），无危；3. 金胸丽椋鸟（*Lamprotornis regius*），无危；4. 黑领椋鸟（*Gracupica nigricollis*），无危；5. 长尾丽椋鸟（*Lamprotornis caudatus*），无危；

各色椋鸟

欧洲椋鸟自引入北美以后，对于北美和欧洲的鸟类爱好者来说都已是再熟悉不过的老朋友了。除了欧洲椋鸟，椋鸟家族其实有着惊人的多样性，其中大部分属种生活在非洲和亚洲。椋鸟往往集群出现，绚丽的羽毛上闪烁着彩虹光泽，有着无可辩驳的美貌。此外，它们还是我们身边最聪明的鸟类之一。有观察发现椋鸟具有模仿周围环境声音的能力，连汽车鸣笛声和人类说话声都不在话下。

6. 翠辉椋鸟（*Lamprotornis iris*），无危；7. 紫辉椋鸟（*Lamprotornis purpureus*），无危；8. 黑翅椋鸟（*Acridotheres melanopterus*），极危。

北极燕鸥（*Sterna paradisaea*），无危

大迁徙

两千多年以前，古希腊哲学家亚里士多德意识到红尾鸲和燕子等欧洲鸟类会在冬天消失。他尝试解释这一现象时猜测红尾鸲会在冬天时变成知更鸟，而燕子则会蛰伏进地洞里冬眠。

如今，这一现象在我们眼中早已不再神秘。我们知道当鸟类随着季节变化而消失时，多半是飞往了更温暖的地方或是繁殖地。然而，对鸟类迁徙的研究依然不断为我们带来新的震撼：2010 年人们记录下了一只北极燕鸥从格陵兰岛到南极的漫漫迁徙路，全程竟长达 7 万千米。这也是动物世界中距离最长的迁徙纪录。

运用先进的 GPS 定位手段，我们能够持续追踪鸟儿的位置，从而揭开它们大迁徙的华丽幕布。斑尾塍鹬会不做稍息地从阿拉斯加一路飞到新西兰，紫崖燕在加拿大繁殖却会在亚马孙地区过冬，亚里士多德眼中懂得变身术的红尾鸲则会从希腊飞往非洲中部——和变身成另一种鸟类相比，这漫长的迁徙之旅同样令人惊叹不已。

西域兀鹫（*Gyps fulvus fulvus*），无危

并不是所有的鸟类都会迁徙。西域兀鹫在成年前可能会四处漂泊，但在成年定居后往往会一直留在自己的领地上。

蓑羽鹤（*Grus virgo*），无危

蓑羽鹤迁徙路线的艰难程度堪称世界之最，每年它们都要从蒙古附近出发飞越喜马拉雅山到印度过冬。极端的海拔高度和气候条件，沿途金雕的无情捕猎，种种艰险都会让这种优美的鸟类在迁徙途中有所折损。

白鹳（*Ciconia ciconia*），无危

白鹳在非洲过冬，繁殖季节则会飞往地中海一带，欧洲人常在屋顶上见到它的身影。

4 觅食

食为天

人们常常会用“小鸟啄食”来形容一个人饭量很小，然而实际上，人类几乎不可能达到鸟类惊人的食量。一只山雀每天吃下的食物近自重的三分之一，相当于一个体重70千克的人每天得吃下超过23千克的食物！蜂鸟可能吸食跟自身体重等重的花蜜，一只6千克左右的加拿大黑雁每天能够消化掉1.5千克的草料——也难怪高尔夫球场的老板看见它们就头疼了。

绝大部分鸟类一生中的大部分时光都在觅食中度过，上顿刚吃完就开始准备下顿，周而复始。一只莺一天可能会抓近千只昆虫，猫头鹰则整夜都不会停止狩猎。当然，捕猎对有些鸟类来说是小菜一碟：非洲海雕不到十分钟就能逮住一条鱼。

鸟类的取食习性会随各自的食谱不同而不同。从人类后院的鸟粮到大海里的海鲜，从活生生的猎物到不小心殒命于车轮的残骸，鸟类们的晚餐可谓花样百出。

左图：澳洲鸦（*Corvus orru*）雏鸟，无危

饿了的雏鸟往往会奋力鸣叫提醒亲鸟来喂食。一只澳洲鸦在孵化40天左右才能首次离巢，此后它们还会与父母共度几个月的时光，向它们学习觅食等独立生存的技能。

翻石鹬（*Arenaria interpres*），无危

翻石鹬生活在海边，常用狭长的尖嘴翻动海滩上的小石子来觅食。

乌林鸮（*Strix nebulosa*），无危

乌林鸮的脸盘极宽，即使猎物隐藏得很好，它也能通过细微的声响进行定位，然后发动精准的突然袭击。

吃什么？

和绝大部分生物一样，鸟类也需要摄入碳水化合物、脂肪、蛋白质、维生素以及矿物质来维持健康。有些鸟类非常挑食，只摄取特定的食物，有些则百无禁忌。不同鸟类有着不同的技能来为自己找到充足的食物，这些技能可能是天生的，也可能是后天习得的，抑或两者兼有。

很多鸟类的食谱其实相当单一。举个例子，食螺鸢几乎只吃淡水螺这一种食物。它们真的非常非常爱吃螺吗？还是说它们也可能只是习惯了？

鸟类的味蕾能够分辨出酸、甜和苦味，因此它们可能和人类有着相似的味觉体验。不过人类的舌头上有着近一万个味蕾，而大多数鸟类不会超过 500 个，所以鸟类大概是无法成为媲美人类的美食家了。

斯氏鵟（*Buteo swainsoni*），无危

三色伞鸟（*Perissocephalus tricolor*），无危

三色伞鸟是一种生活在南美东北部地区的鸟类，它主要以水果为食，偶尔也会吃点昆虫换个口味。

卡氏夜鹰（*Antrostomus carolinensis*），无危

宽宽的口裂令卡氏夜鹰能轻松捕获夜幕下的昆虫，比如飞蛾和甲虫。偶尔遇到其他的小鸟或蝙蝠，它们也可能会一口吞下。

中杓鹬（*Numenius phaeopus*），无危

很多涉禽都有着类似中杓鹬的细长喙部，使得它们能够在泥沙下进行探食。这一特殊喙部的末端有着敏锐的感觉能力，能够在泥沙下探查到蠕虫等的位置。

北方地犀鸟（*Bucorvus abyssinicus*），无危

1

2

3

4

5

饥饿的犀鸟

野生犀鸟在非洲、亚洲和美拉尼西亚群岛上均有分布。它们是杂食性鸟类，食谱中包括各种水果和小动物，而贪吃的犀鸟们总会将晚餐吃得干干净净一点不剩。

1. 棕尾犀鸟（*Penelopides panini panini*），濒危；2. 皱盔犀鸟（*Rhabdotorrhinus corrugatus*），近危；3. 红嘴弯嘴犀鸟（*Tockus erythrorhynchus*），无危；4. 花冠皱盔犀鸟（*Rhyticeros undulatus*），无危；5. 白颊犀鸟（*Rhabdotorrhinus exarhatus*），易危。

觅食装备

小巧的鸟儿们需要持续的能量供应以保持体温，因此体型越小，越会吃下相对自己体型越多的食物。世界上最小的鸟类蜂鸟简直就是一刻不停的进食机器，相比之下，大块头的猛禽们进食频率则低得多。

作为现生动物中的一大族群，鸟类在地球上开辟出了各种各样的生态位。王企鹅能潜到近 300 米以下的“深海散射层[①]”追捕灯笼鱼，小红鹳能聚居在非洲寸草不生的碱水湖中，用自己高高隆起的喙部取食蓝绿藻。为了提高捕鱼能力，澳洲鹈鹕有着极其巨大的喙部，它的肚子里能装约 4 升的水，而喙部则能装下约 12 升的水。

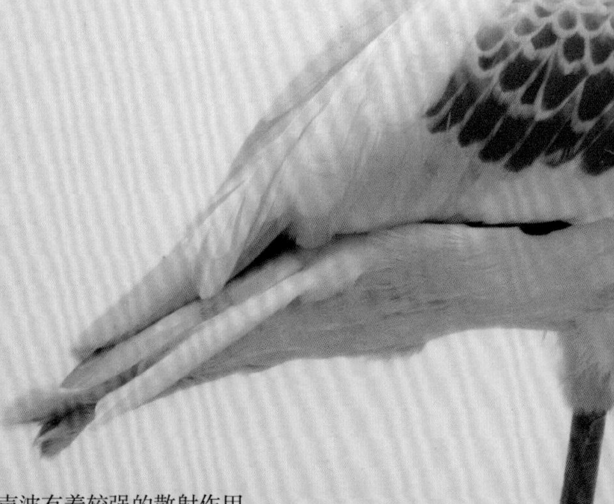

① 深海散射层指深海中的一些生物聚居层，由于生物密集往往对声波有着较强的散射作用。

小红鹳（*Phoeniconaias minor*），近危

澳洲鹈鹕（*Pelecanus conspicillatus*），无危

澳洲鹈鹕的喙部长达半米，能盛下约 12 升的水。

褐鲣鸟（*Sula leucogaster*），无危

为了抓住表层海水中的鱼，褐鲣鸟常常上演跳海潜水大戏。

1
2
3
4
5
6

7

8

各种各样的鸻

鸻是一类小到中型的涉禽，往往是海岸线上一道常见的风景。世界上有 60 多种鸻，散布在除了撒哈拉沙漠和南北极以外的各片水域中。和依靠长嘴探食的涉禽不同，鸻的喙部较短，主要靠视觉觅食。它们会一动不动地窥伺着猎物，瞅准时机冲上去一击毙命，长时间的静止和突然的爆发简直像在玩“一二三木头人”的游戏。

9

左页：1. 半蹼鸻（*Charadrius semipalmatus*），无危；2. 双领鸻（*Charadrius vociferus*），无危；3. 凤头距翅麦鸡（*Vanellus chilensis*），无危；4. 灰斑鸻（*Pluvialis squatarola*），无危；5. 白颈麦鸡（*Vanellus miles*），无危；6. 黑胸距翅麦鸡（*Vanellus spinosus*），无危；

本页：7. 白颈麦鸡（*Vanellus miles*）雏鸟，无危；8. 雪鸻（*Charadrius nivosus*），近危；9. 笛鸻（*Charadrius melodus*），近危。

王企鹅（*Aptenodytes patagonicus*），无危

王企鹅是仅次于帝企鹅的世界上最大的企鹅，它们能够潜到近 300 米下的深海中追捕灯笼鱼和其他猎物。

食腐而生

秃鹫是大自然的“清道夫”。它们清除了地面上那些腐烂的尸体，却由此被冠以丑陋、恐怖、肮脏等恶名。事实上，秃鹫不应受到如此诋毁，因为它们其实维持了这个世界的清洁，同时让整个生物圈得以正常循环。

这些鸟儿们有着众多令人惊叹之处，它们理应受到更多的赞颂。秃鹫能够利用上升的气流进行平稳优雅的翱翔，其间几乎无须扇动翅膀损耗能量。大部分秃鹫一如其名有着光秃秃的脑袋，有些属种则饰有白色的羽毛，但无论如何它们的头部永远保持洁净。你可能不相信，很多秃鹫其实非常害羞，会把巢建在离群索居的悬崖上和洞穴中。有些秃鹫会依赖自己敏锐的嗅觉去寻找食物，而有些则会运用自己锐利而强大的视觉去觅食。

秃鹫的胃毫无疑问是强酸性的环境，能够杀灭各种细菌甚至包括肉毒杆菌和炭疽杆菌。正因如此，尽管秃鹫进食的是腐烂的尸体，但它们的粪便却不会携带病菌。相反，在极端的紧急情况下，它甚至有消毒杀菌之用。

南非兀鹫（*Gyps coprotheres*），濒危

1

2

3

4

5

秃鹫的传统

秃鹫大多具有易于辨认的外貌：钩状的喙部用于撕开食物，光秃秃的脑袋用于保持清洁和调节体温，长而宽大的翅膀用于实现高效的翱翔。在凶巴巴的外表之下，这些鸟儿其实有着安静的性情和满满的好奇心，在澳大利亚和南极之外的每一块大陆上都有着它们的身影。有些秃鹫颇具社会性，会聚集起来一起享用大餐。有些地方会把这样一群秃鹫集体进食的场景称为“围客（wake）”，取其“守灵”之意。

左页：1. 高山兀鹫（*Gyps himalayensis*），近危；2. 白兀鹫（*Neophron percnopterus ginginianus*），濒危；3. 大黄头美洲鹫（*Cathartes melambrotus*），无危；4. 秃鹫（*Aegypius monachus*），近危；5. 白背兀鹫（*Gyps bengalensis*），极危；

本页：6. 黑兀鹫（*Sarcogyps calvus*），极危；7. 棕榈鹫（*Gypohierax angolensis*），无危；8. 黑美洲鹫（*Coragyps atratus*），无危。

王鹫（*Sarcoramphus papa*），无危

王鹫原产于中美洲和南美洲，它们极具特色的形象常常出现在玛雅人的古抄本中。

5 传宗接代

复杂的求偶行为

和其他所有生物一样，鸟类也必须传宗接代——或者单从字面上来看，就是替换它们自己——来延续它们物种的生存。繁育后代这件事，是两性之间由来已久的古老行为①。

令人难以想象的是，亲代仅仅为了新一代的成功诞生，会牵涉多少纷繁复杂的因素。每一件事情都必须确保毫无差错：雄性与雌性要能找到彼此，唱着合适的歌曲，跳出称心的舞步。雏鸟需要亲代的抚育和引导（在不同种类的鸟类中，这些需求有多有少），来保持健康和茁壮成长。每一个个体，在复杂的基因流之中都扮演着重要的角色，将适应世界所必需的信息，传递给一个新的群体。

时至今日，通过各自不同的繁殖方式，数以千万计世代的鸟类已然呈现在我们面前。它们发展出了复杂的系统来保障物种的延续，从华丽琴鸟的求偶舞，到崖海鸦带斑点的尖头蛋——毕竟无论一种鸟类历经了多少世代，其未来都完全寄托在下一代。

左图：澳洲国王鹦鹉（*Alisterus scapularis*），无危

与其他很多鸟类一样，雄性与雌性的澳洲国王鹦鹉呈现出不同的体色，其雄性的体色更加明亮和艳丽。

---

① 原文是“as old as the birds and bees”，“鸟儿与蜜蜂”是英语中的一个惯用隐喻，借以生活中常见的事物，来向孩子委婉地隐射性行为。

华丽琴鸟（*Menura novaehollandiae*），无危

作为世界上最大的鸣禽之一，华丽琴鸟因为具有很长的精致尾羽而十分易于辨识。

环颈鸭（*Callonetta leucophrys*），无危

雄与雌

在许多鸟种中，不同性别的个体看起来很像（至少在人类的眼睛看来）。但是在另一些种类中，雌雄个体长得差异巨大。例如红胁绿鹦鹉，雄性和雌性样子截然不同，以至于长期以来被认为是两个独立的物种。

两性间是否具有差异，暗示着它们具有怎样的筑巢行为。比如雁类这种一夫一妻制的鸟类，双亲会共同承担孵蛋和喂养后代的责任，它们雌雄之间就很难区分。对于许多由雌性抚育后代的鸟类包括很多鸭类而言，雌鸟和雄鸟看起来就很不一样。雌鸟蹲守在鸟巢里，所以需要伪装，只有闲散的雄鸟才可以长得炫目而华丽。

雄鸟变得更加多姿多彩这件事，似乎对雌鸟有些不公平，但雄鸟可能会归咎于雌鸟：这都是因为你们！这是因为雄鸟身上光鲜亮丽的羽毛，都是拜性选择所赐。换而言之，之所以能演化出那些绚丽色彩，都是因为雌性总挑选那些最艳丽最耀眼的雄性——漂亮是健康和活力的标志。

桃脸牡丹鹦鹉（*Agapornis roseicollis*），无危

虽然乍一看十分相似，但雄性的桃脸牡丹鹦鹉的头部还是要比雌性的更鲜红靓丽。

凤头海雀（*Aethia cristatella*），无危

凤头海雀双亲共同分担孵化和照顾雏鸟的责任——雄鸟和雌鸟样貌几乎无法辨别。

凤冠孔雀雉（*Polyplectron malacense*），易危

凤冠孔雀雉的成鸟尾部都有斑点，但雌鸟（左）体型较小，且没有雄鸟头上那一小簇尖尖的羽冠。

求偶的叫声

夜莺和云雀那婉转悠扬的旋律，长期以来赋予了诗人众多创作的灵感。但很少有诗人会借黄头黑鹂那锯木头般的“歌曲”，或者长脚秧鸡那刺耳的叫声来谱写诗篇。在鸟类的世界里，发出的声音与外貌一样，既多种多样，又容易辨认。

鸟类的叫声有许多实际用途。雄鸟会发出保卫领地的叫声，来驱逐其他雄性；亲鸟也会对着幼鸟鸣叫。尤其在一些热带地区，一些物种的雌鸟会与雄鸟一同进行二重唱，声音精确匹配，如果是未经音乐训练的人，会以为是同一只鸟在鸣唱。有一些鸟类，例如嘲鸫和椋鸟，甚至学会了合并其他物种叫声的音节元素，来形成自己的曲目。

在求偶的过程中，视觉只有在一定距离内才能奏效，因此叫声就显得尤为重要。一段鸣唱可以跨越旷野，穿过森林，掠过湍急的溪流，为任何可能听到这段旋律的对方，昭示着自己的存在。

长脚秧鸡（*Crex crex*），无危

棕林鸫（*Hylocichla mustelina*），近危

带音调的歌声

鸟类的鸣唱，有不同的曲调幅度。一只棕林鸫的歌声像是在吹笛子，一只黄头黑鹂的叫声像是在拉锯，而其他鸣禽的曲调则介于两者之间。

1. 鹂莺（*Hypergerus atriceps*），无危；2. 丛林鸫鹛（*Turdoides striata*），无危；3. 蓝翅黄森莺（*Protonotaria citrea*），无危；4. 黄头黑鹂（*Xanthocephalus xanthocephalus*），无危；5. 红嘴相思鸟（*Leiothrix lutea*），无危。

争夺配偶

当一只鸟要选择配偶时，健康和责任感是拥有良好繁育能力的最佳指标。然而，有些鸟类个体或懒散，或疲弱，或缺乏经验，无法给予它们的后代合适的照顾。没有任何一只鸟愿意与一个懒惰的伴侣在一起。

因此，有些物种会通过跳一段求偶舞来评估对方。鹤类以优雅的例行求偶仪式而闻名，它们会轮换着在空中跳跃，同时展开双翼翩翩起舞。在选择好伴侣之前，年轻的信天翁有时会在海风凛冽的小岛上跳上好几年的舞。在南美洲的云雾森林深处，雄性的安第斯动冠伞鸟会疯狂雀跃，来完成它的求偶仪式。

无论多么努力，其他鸟类的求偶仪式都难以与新几内亚的极乐鸟们相媲美，这些极乐鸟会在晨舞时将自己包卷成抽象的形状。极乐鸟被赋予了奇特的羽毛和响亮的歌声，它们是顶级的表演艺术家。

右图：沙丘鹤（*Antigone canadensis*），无危

华美极乐鸟（*Lophorina superba*），无危

在华美极乐鸟用舞步来吸引配偶的同时，它们身上这丛斗篷状的羽毛也是用来吸引伴侣的配饰。

红极乐鸟（*Paradisaea rubra*），近危

引人注目的头部和长长的尾羽，这些华而不实的羽毛是红极乐鸟的标志。

安第斯动冠伞鸟（*Rupicola peruvianus aequatorialis*），无危

在南美洲的云雾森林中，雄性的安第斯动冠伞鸟会聚集在一起进行斗舞大赛，来赢取路过的雌鸟的芳心。

婚配制度

所有鸟类中，大约有 90% 的种类都是一夫一妻制的，它们仅同一位伴侣相依相伴——至少一定程度上是这样。在繁殖季节，鸟儿们总是成双成对，一同抚养幼鸟。少数的鸟类一生中只有一位伴侣，另有少数鸟类的婚配关系一片混乱，而大部分鸟类的配偶制度则介于这两种极端之间。

天鹅，作为传统上从一而终的典范，会相互陪伴多年。猫头鹰、鹤类、秃鹫、企鹅、笑翠鸟、鹰和雁类，也会维持长久的伴侣关系。

蜂鸟在完成交配之后就会立刻断绝关系，乌鸦、松鸡和鸻鹬类也是如此。许多雀类仅仅会相依相伴一个夏天，然后就分道扬镳了。这可能是因为它们的寿命太短，没有特别大的动力愿意将更多的时间托付于彼此。

一夫一妻制的鸟类也并不意味着绝对忠诚，甚至包括信天翁在内——虽然这种鸟类的“离婚率”几近于零，但同一位母亲养育的后代来自于不同父亲的情况也会偶尔发生。

蓝翅笑翠鸟（*Dacelo leachii*），无危

1. 黑天鹅（*Cygnus atratus*），无危；2. 小天鹅（*Cygnus columbianus*），无危；3. 黑天鹅（*Cygnus atratus*），无危；4. 黑颈天鹅（*Cygnus melancoryphus*），无危；

天鹅之歌

天鹅，优雅而纯洁，自古就是爱情与浪漫的象征。天鹅的求偶仪式，是复杂的歌曲与舞姿的相互融合。一旦一只天鹅寻觅到了自己的伴侣，它们通常会结伴很长时间。尽管一对天鹅夫妇偶尔也会“离婚”，但大部分会相处数年，有的甚至会相守一生。天鹅会奋不顾身地保护它们的伴侣，特别是当繁殖期来临之时。小天鹅在羽翼丰满之前，会在鸟巢周围徘徊数月，向父母学习各种生活技能。

5. 黑嘴天鹅（*Cygnus buccinator*），无危；6. 大天鹅（*Cygnus cygnus*），无危；7. 黑颈天鹅（*Cygnus melancoryphus*），无危。

斑雕鸮（*Bubo africanus*），无危

虽然雌性的斑雕鸮是独自孵蛋，但雄鸟会把食物给它送回巢里。一对斑雕鸮会相伴一生。

筑巢的本能

任何鸟类都需要找一个地方来保护和孵化它们的蛋，无论是在脚面上一个口袋状的地方，还是在树洞里，亦或是在堪比一辆汽车的堡垒般的鸟巢里。鸟巢巧夺天工，令人称奇，但终究是拿来使用的建筑物：每当鸟蛋孵化，鸟巢就得给雏鸟提供庇护，抵御所有危险。

想象一下，如果没有胳膊，缺少双手，也不用工具来尝试建造一所房子，是何等之难啊！对于筑巢，鸟类已经演化出了各种对策，比如翠鴗可以挖掘出 3 米长的隧道，火烈鸟则可以在垂直的平台上堆砌泥浆。

一些鸟类懂得如何利用他人的劳动成果：猫头鹰会搬进乌鸦的巢，不少鸟类会霸占啄木鸟废弃的旧树洞。个别鸟类，比如大杜鹃，会把它们的蛋藏到其他鸟类的巢里，同时希望这些养父母不会察觉到蛋的不同。

金头绿咬鹃（*Pharomachrus auriceps*），无危

1
2
3
4
5
6

7

8

孵化之初

鸟宝宝的成长速度惊人，有些种类的小鸟，从孵化之初到长到成鸟大小只需要短短数日。有些鸟类的鸟巢建造得更加安全（筑在洞穴中，或者具有更坚固的结构），生活在其中的雏鸟将拥有更长的时间慢慢长大，但成长中的每一天也仍然充满了风险。一个优质的鸟巢，可以给予雏鸟们尽情展翅的空间。

左页：1. 黄雕鸮（*Bubo lacteus*），无危；2. 崖海鸦的蛋（*Uria aalge*），无危；3. 夏威夷黑雁（*Branta sandvicensis*），易危；4. 普通拟八哥（*Quiscalus quiscula*），无危；5. 小蓝企鹅（*Eudyptula minor*），无危；6. 白枕鹊鸭（*Bucephala albeola*），无危；
本页：7. 智利红鹳（*Phoenicopterus chilensis*），近危；8. 长尾林鸮（*Strix uralensis*），无危。

咳声翠鴗（*Momotus subrufescens*），无危

咳声翠鴗会在泥岸边挖掘长达 3 米的隧道来产卵。它们并不重复利用这些巢穴，而是每年都挖掘一个全新的。

黄喉蜂虎（*Merops apiaster*），无危

与翠鴗类似，黄喉蜂虎也会在垂直的河岸上掘穴筑巢——但与翠鴗不同的是，它们成群繁殖。数十对蜂虎会居住在同一个崖壁上，但每一对都拥有各自的隧道式巢穴。

6 鸟类的大脑

机智如鸟

没有人愿意被称作有一副“鸟的脑子[①]”，但研究表明，这种表述确实应该被看作是一份称赞。随着对鸟类行为研究的不断深入，我们越来越意识到，其实鸟类和人类相似，也拥有复杂的思维、感受和情感。

数亿年前，人类和鸟类由一个共同的祖先分化成了两个分支，所以随着时间的推移，我们和鸟类的大脑经历了不同的发展模式。但如果因此就觉得鸟类缺乏智慧，那就大错特错了。事实上，鸟类和人类具备某些共同的特质，而这些特质是别的动物所没有的。任何一个和乌鸦、渡鸦或者鹦鹉共处过的人都不难发现，这些好奇心满满的家伙们，能达成很多复杂的智力成就。

鸟类所处的栖息地中，那些独特的生存压力和自然环境早已塑造了它们大脑的运转模式。如我们所知，有的鸟类能使用简单的工具，有的鸟类可以惟妙惟肖地模仿其他动物甚至人类的声音。人类是很聪明，鸟类的思维方式也的确有别于人类，但这并不意味着鸟类就不会独立思考。

左图：阿德利企鹅（*Pygoscelis adeliae*），无危

鸟类已经演化出了与它们的习性和生活环境相适应的心智。在南极洲，阿德利企鹅完美地适应了冰雪之上的生活。

---

① 原文“bird brain”，在英语中常常用此指代一个人非常愚蠢，或是反应迟钝。

星雀（*Neochmia ruficauda*），无危

在澳大利亚的荒草原上，星雀以种子和谷物为生。

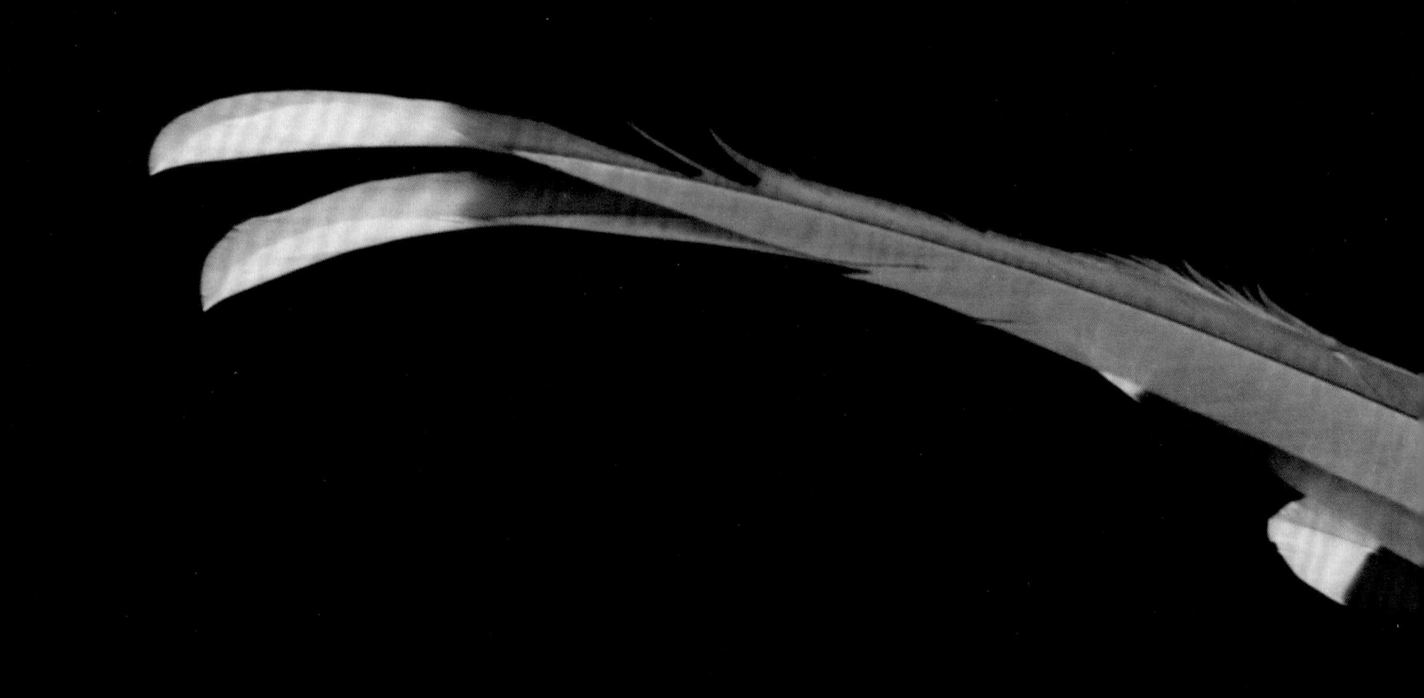

红嘴蓝鹊（*Urocissa erythroryncha*），无危

和许多鸦科的鸟类一样，生活在东亚的红嘴蓝鹊也是一种群居物种。

集体的力量

对于一些动物而言，智力水平会随着与同伴和敌人的规律性互动而增长。群居物种倾向于拥有更大的大脑——也许这可以帮助它们密切关注盟友和竞争者的动向。

不少鸟类都是群居性的，那么单凭这一点就能使它们更聪明吗？这或许因鸟而异。椋鸟的巨大集群中，显然是没有首领的，它们行动起来宛如一帮乌合之众。其他很多种鸟类则生活在等级完备的群体中，它们依据特定的关系来组织集群，并且长时间地保持这种社会结构。鹦鹉和乌鸦是高度群居的物种，其他诸如鹰类、猫头鹰、啄木鸟、山雀、小型雀类和鹪鹩等，也是如此。就连家鸡，这类智商不被看好的鸟类，也会在鸡圈里维持着等级森严的社会秩序。

金黄鹦哥（*Aratinga solstitialis*），濒危

黑水鸡（*Gallinula chloropus*），无危

这种鸟类会组成一夫一妻制的家庭，它们有时会大量聚集在淡水池塘里，但是并没有复杂的社会结构。

华丽细尾鹩莺（*Malurus cyaneus*），无危

细尾鹩莺终年都保持着以家庭为单位的群体，等级较低的成员还会合作照顾雏鸟。这种群居的“社会性”并不能引申为“忠诚”，因为大部分的雏鸟是来自于这个家庭之外的另一位父亲的后代。

军金刚鹦鹉（*Ara militaris*），易危（左）
琉璃金刚鹦鹉（*Ara ararauna*），无危（右）

丰富的感受

去了解和熟悉一个鸟类个体，是需要花时间的。宠物鸟的主人会不断地去解读自家鸟儿的感受和情绪，与此同时，每只鸟——无论是被囚禁笼中的，还是自由飞翔的——都有着自己独特的个性。

要准确地解读出一只鸟的感受是很困难的，因为鸟类并不能直接与人沟通，来让我们了解它们的情绪状态。

但是，诸如悲伤、爱慕、恐惧和快乐这样的感觉，当然不仅限于人类。塑造了人类对事物反应的那些演化力量，同样也在鸟类身上发挥着作用。所有的生物都能通过感知周围的环境和事件，做出适当的反应来获得益处。

情感可能是一种本能，这种本能可以强化特定的行为，来帮助动物们生存。无论情感从何而来，这种由情感而产生的生理化学反应都通过类似的机制，在鸟类和人类身上发挥着作用。

灰短嘴澳鸦（*Struthidea cinerea*），无危

在澳洲东部的干旱乡村，灰短嘴澳鸦以吵吵闹闹的家庭群体迁徙，一群最多可达 20 只。

崖海鸦（*Uria aalge*），无危

这些海鸟会成群结队地一起筑巢，多达数千个巢聚集在一起，但并不会结合为社会性群体。在如此数量庞大的集群中，追踪其中一只崖海鸦，认清谁是谁，实在是一件很困难的事。

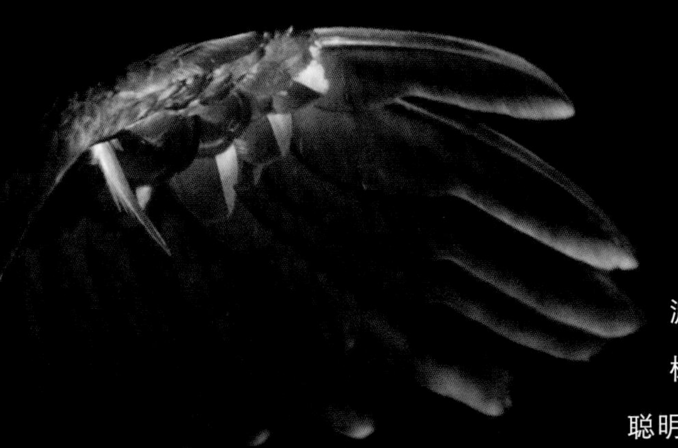

智慧的标志

在所有的鸟类中，鸦科鸟类（包括乌鸦、渡鸦、喜鹊、松鸦、寒鸦、秃鼻乌鸦、山鸦、树鹊和星鸦）以及鹦鹉（大约 40 种），算是最聪明的，至少是最符合人类所定义的“聪明”。

和人类一样，这些鸟类是天生的群居动物，需要很长的时间来发育成熟，同时它们也拥有着相对较大的大脑。在关于交流、计数、使用工具、学习和自我意识等研究中，鸦类和鹦鹉很可能可以很投入地致力于有关创造力和抽象思维的任务。

其他一些鸟类比如园丁鸟和蜂虎，也表现出了聪明的迹象。因此很多天才鸟种或许还隐藏在茫茫鸟类世界中，其智慧至今不为人知，也是完全有可能的。对鸟类智商的研究，目前仍然是一个很新颖的领域。只有在近十年的研究中，我们才认识到鸟类是具有“心智”的，也就是说，它们能意识到别的个体和自己具有不同的想法。

非洲白颈鸦（*Corvus albus*），无危

1

2

3

本页：1. 赤喉蜂虎（*Merops bulocki*），无危；2. 北美星鸦（*Nucifraga columbiana*），无危；3. 短嘴鸦（*Corvus brachyrhynchos*），无危；4. 家鸦（*Corvus splendens*），无危；5. 黑喉鹊鸦（*Cyanocorax colliei*），无危；6. 红胁绿鹦鹉（*Eclectus roratus*），无危；

右页：7. 灰喜鹊（*Cyanopica cyanus*），无危；8. 绒冠蓝鸦（*Cyanocorax chrysops*），无危；9. 丛鸦（*Aphelocoma coerulescens*），易危；10. 非洲灰鹦鹉（*Psittacus erithacus*），濒危；11. 冠小嘴乌鸦（*Corvus cornix*），无危。

4

5

6

7

8

10

9

近乎天才的鸟类

乌鸦、渡鸦、松鸦、喜鹊和其他的鸦科鸟类以及鹦鹉，常常被看作是鸟类世界中最聪明的两大家族。研究表明，这些鸟已经显示出复杂的推理能力，甚至能无意间学会一点人类的语言。有一只叫亚历克斯的著名灰鹦鹉参加了一项长达 30 年的实验，并且在其间学会了用基本的英语词汇来进行交流。其他的鸟类比如蜂虎，也有自己的聪明之处。这些鸟类通常显得充满好奇，具有社会性，分布广泛且寿命很长。

11

渡鸦（*Corvus corax*），无危

渡鸦脑子里的小齿轮从未停止过转动。

啄羊鹦鹉（*Nestor notabilis*），易危

在新西兰南岛上，啄羊鹦鹉——世界上唯一的高山鹦鹉——会使用工具和解决一些逻辑难题。

7 未来

展望未来

如果没有传说中的水晶球，任何关于未来的想法很大程度上仅仅是一种猜测。科学数据和计算机模拟也许能预测出，在未来的几年中，鸟类的命运将会如何。但是它们以及我们自己的更远的未来究竟将何去何从，是说不清道不明的，这在某种程度上也取决于我们今天的选择。

自然界正面临着各种各样的威胁，譬如人口增长所驱使的工业化，农田开垦，野生栖息地缩减，以及由此导致的物种灭绝。然而，希望还是尚存的。在虚拟世界兴盛的今天，同时也有数量可观的民众在享受着户外的真实世界。观鸟，曾经是有点怪异的另类癖好，如今已经成为了一项主流活动。越来越多的人开始去理解和欣赏，鸟类在这个世界上是如何与我们和谐共存的。

单纯的关心是不足以拯救鸟类的，但这是一个很好的开端。一些鸟类也正在适应着这些不断变化的生存环境，与人类在城市环境中顽强共存。少数鸟类甚至利用全新的机遇，扩大了生存范围，这种适应能力比我们原先想象的更有弹性。

左图：山齿鹑泰氏亚种（*Colinus virginianus taylori*），近危
山齿鹑的“蒙面”亚种较为濒危，仅生活在墨西哥的索诺拉省（*Sonora*），以及美国亚利桑那州（*Arizona*）的南部。

白顶啄羊鹦鹉（*Nestor meridionalis*），濒危

濒危的白顶啄羊鹦鹉是一种中等体型的鹦鹉，绝大部分的本土栖息地上已经难觅它们的踪迹，但人工再引入工作已经有了一定的成效。

保育的方向

不断增长的人口给这个星球造成了巨大的压力，大部分现代环境的问题，都可以直接或间接地归咎于人口过剩。首先，也是最重要的一点，鸟类保育是一个人道主义挑战。当人们为了自身的幸福，去努力追求着一种稳定的、可持续发展的生活方式时，其实也是在保护着大自然的方方面面。鸟类是其中值得考虑的一项。

鸟类的面前摆放着诸多挑战：物种入侵，污染和农药，透明玻璃引发的鸟撞事件，流浪猫的捕食，车流隐患，枯竭的食物资源，过度捕猎，网状物的误伤，非法宠物贸易，还有电网触电的危险——这还不包括由于土地利用，而造成的栖息地的丧失。此外，有研究认为气候变化将对全世界鸟类栖息地产生巨大影响，这可能才是最大的威胁。世界自然保护联盟红色名录（IUCN Red List）指出，世界上每 8 只鸟类中就有 1 只的生存受到威胁，特别是那些热带地区的鸟种。与此同时，如果我们不立即采取行动的话，还有很多的哺乳动物、两栖动物和植物，也会一同消失。

蓝嘴凤冠雉（*Crax alberti*），极危

极度濒危的蓝嘴凤冠雉，是哥伦比亚的特有鸟种，种群数量下降到了只有一两百只。

白鹤（*Siberian Crane*），极危

在它们赖以生存的极地苔原地区，这种羽毛如雪的白鹤数量不到 3 000 只。

隐鹮（*Geronticus eremita*），极危

分布在摩洛哥的一个小种群，就涵盖了已知的所有野生隐鹮。

白翅栖鸭（*Asarcornis scutulata*），濒危

南亚和中亚地区河畔森林的不断消失，已经威胁到了这些将其作为栖息地的白翅栖鸭。

死里逃生

有的鸟类是已经临近灭绝的边缘，而又在命悬一线的最后关头，被出于保护目的的人为干预挽救了回来。当人们真的下定决心要去保育鸟类的时候，不可能有时也会变成可能。

加州神鹫就是一例：这种曾经广布美国西部的鸟类，在 20 世纪 80 年代整个种群数量曾一度锐减到了 22 只，而且全部是人工圈养个体。经过紧锣密鼓的繁殖努力，加州神鹫得以在野外重新建立了种群，数百只这种巨大鸟类又得以在辽阔的北美展翅高飞。它们如今需要全方位的救助，但彼时彼刻，它们也曾无忧无虑地自由翱翔。

相似的例子还有不少：莱岛鸭，之前种群数量骤降到仅仅 12 只，如今扩充到了数百只；黑纹背林莺，种群数量从 500 只增加到了 5 000 只；索岛哀鸽，曾经一度野外灭绝，如今被成功地人工引回了它们原先生活过的墨西哥岛屿。这些具有非凡经历的鸟类，死里逃生后依旧与你我共同享有着这个世界。

加州神鹫（*Gymnogyps californianus*），极危
虽然它们的种群数量从 22 只增加到了数百只，但是加州神鹫依然面临着各种挑战。

黑头鹮鹳（*Mycteria americana*），无危

黑头鹮鹳于 1984 年在美国被列为濒危物种，在人们为了恢复种群进行了一番努力之后，它们在 2014 年成功被更改为了“受威胁物种”。

1
2
3
4
5
6
7

命悬一线

濒临灭绝的鸟类很容易就在不经意间迅速消失，除非有紧迫而高强度的保育工作，才能让它们恢复种群。幸亏有人工繁育项目和对栖息地的管控，这两页上所呈现的鸟种才能存活至今。

左页：1. 夏威夷鵟（*Buteo solitarius*），近危；2. 莱岛鸭（*Anas laysanensis*），极危；3. 草原榛鸡阿特沃特亚种（*Tympanuchus cupido attwateri*），易危；4. 红顶啄木鸟（*Leuconotopicus borealis*），近危；5. 马岛潜鸭（*Aythya innotata*），极危；6. 长冠八哥（*Leucopsar rothschildi*），极危；7. 黑纹背林莺（*Setophaga kirtlandii*），近危；

本页：8. 关岛秧鸡（*Hypotaenidia owstoni*），野外灭绝；9. 索岛哀鸽（*Zenaida graysoni*），野外灭绝；10. 粉红鸽（*Nesoenas mayeri*），濒危；11. 爱氏鹇（*Lophura edwardsi*），极危；12. 夏威夷黑雁（*Branta sandvicensis*），易危。

原鸽（*Columba livia*），无危

在世界上大部分的城市中心，都能看到这样的景象：原鸽在高楼上筑巢，以人类丢弃的食物为生。

顺应现实

有些鸟类在人类搭筑的水泥丛林中，不仅能够生存下来，还能够繁衍生息。在全世界范围内，原鸽和家麻雀都占领了城区，其他的一些鸟类——诸如短嘴鸦、黑鸢和彩虹鹦鹉——也能在城市中舒适地生活。

机会主义的鸟类，最能适应经过人类改造的地形。研究表明，那些居住在城市的鸟类都具有较强的免疫力，洪亮的鸣叫，离开地面筑巢的习性，杂食的食性，以及解决问题的卓越能力。城市生态位能够反映出这些鸟类在原来栖息地中的生态位，比如对于游隼这种喜欢在崖壁上筑巢的鸟类而言，摩天大楼和崖壁一样能当作筑巢平台，而城市中的鸽子则可以充当它们稳定的食物来源。

这些见缝插针的城市鸟类，有时会引来我们蔑视的目光，但你不能批判它们的成功。在它们身上，我们也许还能窥见人类自己的影子。

家八哥（*Acridotheres tristis*），无危

家八哥原产于亚洲，现已迅速地扩散到了欧洲、北美、澳大利亚和许多海岛。

家麻雀（*Passer domesticus*），无危

通过在人类改造过的栖息环境中安家，家麻雀已经成为了世界上最成功的鸟类之一。

自由的象征

鸟类是世界公民，可以不需签证和护照，就能任意穿越国境线，成为大自然的外交大使。它们是地球上分布最广的类群，我们每一个人在每个地方都能看到或是听到鸟类的存在。它们形状各异，大小不一，颜色万千，习性多样。

鸟类还具有象征意义，代表着和平、繁荣、爱情、希望、独立和自由——这些象征意义体现在许多宗教文献中，也体现在很多国家选出的国鸟上。鸟类时刻提醒着我们，世间万物都是紧密相联的，我们的一举一动都会对自然产生影响。我们惊叹于这些迁徙的移民，每年都要飞越数千千米，横跨半个地球来寻觅家园。

如果换作鸟瞰的视角，我们或许会对这个所有生物共享的世界产生全新的认知。把目光投向鸟儿吧，你会就此打开心灵之窗。

右图：白头海雕（*Haliaeetus leucocephalus*），无危
在很多人心目中，白头海雕代表了自由和力量。

1
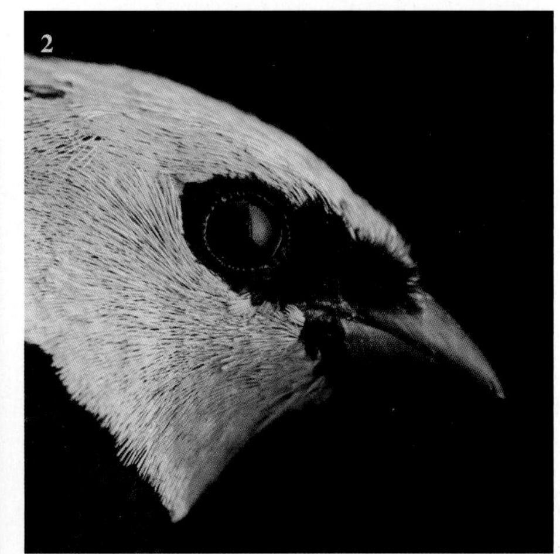
2

3

4

5

如鸟儿般自由

鸟儿是多姿多彩的，让人着迷的，无可替代的。它们占据着这个星球上几乎每一个角落，还会在世界上不同的地域之间往来穿梭，从不在意地图上行政区域的划分。当我们关心和支持鸟类时，我们实际上也是在关心和支持这个星球，以及我们自己。我们从鸟类这里了解到的一点一滴都是那么神奇，而它们身上那些仍有待我们去探索的未解之谜，还蕴藏着无限的潜力。

左页：1. 巽他领角鸮（*Otus lempiji*），无危；2. 蓝颈唐加拉雀（*Tangara cyanicollis*），无危；3. 黄头叫隼（*Milvago chimachima*），无危；4. 橙额果鸠（*Ptilinopus aurantiifrons*），无危；5. 角雕（*Harpia harpyja*），近危；

本页：6. 靓鹦鹉（*Polytelis swainsonii*），无危；7. 黑红阔嘴鸟（*Cymbirhynchus macrorhynchos malaccensis*），无危；8. 红脚旋蜜雀（*Cyanerpes cyaneus*），无危。

鹰头鹦哥（*Deroptyus accipitrinus accipitrinus*），无危

鹰头鹦哥通过竖起头上彩色的装饰性羽冠，来尽情抒发自己的情感。

紫青水鸡（*Porphyrio martinicus*），无危

因为有一双适合在睡莲叶片上踱步的大脚掌，紫青水鸡几乎能直接在水上行走。

白尾鵟（*Geranoaetus albicaudatus*），无危

只要展开双翼，白尾鵟便可以在空中几乎无休无止地向上盘升。

关于“影像方舟”

对于地球上的很多生物而言，留给它们的时间所剩无几——物种正以令人触目惊心的速度不断从这颗星球上消失。这便是美国国家地理学会和著名摄影师乔尔·萨托决心创立“影像方舟”项目的原因。美国国家地理“影像方舟”是一个极具野心的项目，计划拍摄世界各地动物园和野生动物保护中心里的所有人工圈养动物，以激发人们对这些动物的关注，从而参与到保护它们的行列中来。“影像方舟”项目所积累的大量资料将是这些动物存在的证据，为人们敲响挽救物种的警钟。若想获取更多“影像方舟”的项目信息，请访问其官方网站：natgeophotoark.org。

这只角嘴海雀是乔尔·萨托在阿拉斯加海洋生物中心结识的新朋友。

拍摄过程

想要成功拍到理想的动物照片，需要经过一系列的精心准备。首先，我们需要联系目的地当地的动物园、私人饲养者或野生动物保育中心。如果他们有兴趣参与“影像方舟”项目，那么我将向他们询求一份所拥有的圈养动物名单。

接下来，我们将检查确定这份名单上有哪些物种是我们尚未拍摄的，并询问是否能够对它们进行拍摄。每种动物在拍摄时，都会为我们带来不同的挑战。所幸我拍摄的绝大多数鸟类都几乎从出生起就为人类所饲养，并不像野生鸟类那般难以接近，而饲养员们也具有高度的敏锐性，能够帮助我们判断动物是否处于紧张状态。我们花费了大量的时间和精力来做准备，以确保拍摄过程不会伤害或惊扰到任何一只鸟儿。

面对不同的拍摄对象，拍摄当天我们会采取各种不同的策略。对于大型鸟类，我们可能会在后方悬挂起黑白的背景布。对于小型鸟类，我们可能会将其放入舒适的小摄影箱中进行拍摄。一旦置身于摄影箱中，它们就只能看到相机镜头的前端，从而表现得十分放松。有时我们会在拍摄过程中喂喂它们，也算是给它们上镜的奖励吧。针对一只动物的整个拍摄时间一般只有几分钟。

在布光方面，我们使用柔光罩以掩护闪光灯来保护鸟类不受伤害，同时我们会尽量吸引它们到近前，以得到最真实的纹理和色彩，以及最佳的清晰度与景深。

这一切努力的目的十分简单：拍摄出最终能够感动公众的完美照片，让他们在为时未晚之时，即刻开始关注和保护地球上纷繁多样的生物。

后期处理前：我们的目标之一是尽快完成拍摄，避免引起动物的紧张。这就意味着我们需要对这些原始素材进行后期处理。

后期处理后：后期清理掉泥土、鸟粪、背景布接缝之后得到的最终成品。

各篇章页物种信息

扉页

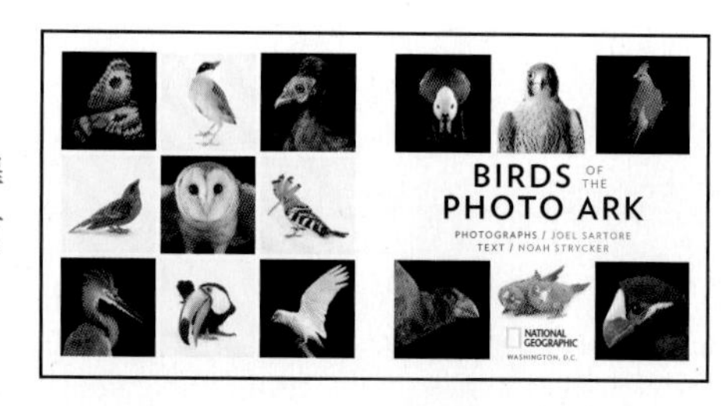

第一排左起：日鳽（*Eurypyga helias*），无危；蓝翅八色鸫（*Pitta moluccensis*），无危；凤冠火背鹇（*Lophura ignita macartneyi*），近危；黑胸麻鸭（*Tadorna variegata*），无危；拟游隼（*Falco pelegrinoides*），无危；蓝枕鼠鸟（*Urocolius macrourus*），无危；**第二排左起**：红织雀（*Foudia madagascariensis*），无危；仓鸮（*Tyto alba*），无危；戴胜（*Upupa epops*），无危；**第三排左起**：巨鹭（*Ardea goliath*），无危；巨嘴鸟（*Ramphastos toco*），无危；长嘴凤头鹦鹉（*Cacatua tenuirostris*），无危；南秧鸡（*Porphyrio hochstetteri*），濒危；黄翅鹦哥（*Pyrrhura hoffmanni*），无危；赤额鹦哥（*Pyrrhura roseifrons*），无危；紫蕉鹃（*Musophaga violacea*），无危

第一章

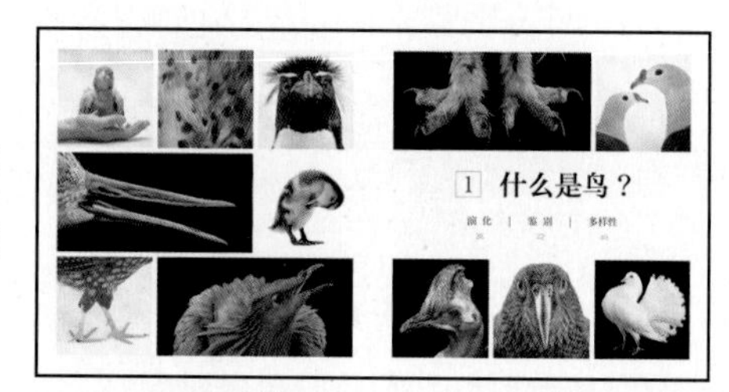

第一排左起：金黄锥尾鹦鹉（*Guaruba guarouba*），易危；美洲隼（*Falco sparverius*），无危；凤头黄眉企鹅（*Eudyptes chrysocome*），易危；纹鸮（*Asio clamator*），无危；红疣皇鸠（*Ducula rubricera*），近危；**第二排左起**：红腹滨鹬（*Calidris canutus*），近危；绿头鸭（*Anas platyrhynchos*），无危；**第三排左起**：红腹角雉（*Tragopan temminckii*），无危；尼柯巴鸠（*Caloenas nicobarica*），近危；南方鹤鸵（*Casuarius casuarius*），易危；啄羊鹦鹉（*Nestor notabilis*），易危；扇尾鸽（原鸽培育而来）（*Columba livia*）（家养），无危

第二章

第一排左起：彩冠凤头鹦鹉（*Lophochroa leadbeateri*），无危；非洲琵鹭（*Platalea alba*），无危；金雕（*Aquila chrysaetos*），无危；黄胸草鹀（*Ammodramus savannarum*），无危；燕隼（*Falco subbuteo*），无危；**第二排左起**：巴布亚企鹅（*Pygoscelis papua*），无危；棕犀鸟（*Buceros hydrocorax mindanensis*），易危；**第三排左起**：红喉北蜂鸟（*Archilochus colubris*），无危；蓝孔雀（*Pavo cristatus*），无危；白枕鹤（*Antigone vipio*），易危；红颊蓝饰雀（*Uraeginthus bengalus*），无危；北岛褐几维鸟（*Apteryx mantelli*），濒危；簇羽海鹦（*Fratercula cirrhata*），无危

第三章

第一排左起：安达曼草鸮（*Tyto deroepstorffi*），无危；蓑羽鹤（*Grus virgo*），无危；黑美洲鹫（*Coragyps atratus*），无危；普通楼燕（*Apus apus*），无危；红顶蜡嘴鹀（*Paroaria gularis*），无危；**第二排左起**：普通翠鸟（*Alcedo atthis ispida*），无危；波兰鸡（原鸡培育而来）（*Gallus gallus*）；**第三排左起**：红冠灰凤头鹦鹉（*Callocephalon fimbriatum*），无危；帽带企鹅（*Pygoscelis antarcticus*），无危；白凤头鹦鹉（*Cacatua alba*），濒危；新几内亚极乐鸟（*Paradisaea raggiana*），无危

第一排左起：欧洲绿啄木鸟（*Picus viridis*），无危；凤头巨隼（*Caracara plancus*），无危；白颊犀鸟（*Rhabdotorrhinus exarhatus*），易危；乌林鸮（*Strix nebulosa*），无危；**第二排左起**：中杓鹬（*Numenius phaeopus*），无危；澳洲鸦（*Corvus orru*），无危；**第三排左起**：红嘴巨嘴鸟（*Ramphastos tucanus*），易危；笛鸻（*Charadrius melodus*），近危；橡树啄木鸟（*Melanerpes formicivorus*），无危；小红鹳（*Phoeniconaias minor*），近危；黑兀鹫（*Sarcogyps calvus*），极危

第四章

第一排左起：夏威夷黑雁（*Branta sandvicensis*），易危；蓝翅黄森莺（*Protonotaria citrea*），无危；华丽琴鸟（*Menura novaehollandiae*），无危；白枕鹤（*Antigone vipio*），易危；**第二排左起**：崖海鸦的蛋（*Uria aalge*），无危；凤头海雀（*Aethia cristatella*），无危；**第三排左起**：澳洲国王鹦鹉（*Alisterus scapularis*），无危；长脚秧鸡（*Crex crex*），无危；安第斯动冠伞鸟（*Rupicola peruvianus aequatorialis*），无危；黑天鹅（*Cygnus atratus*），无危；黑颈天鹅（*Cygnus melancoryphus*），无危；长尾林鸮（*Strix uralensis*），无危

第五章

第一排左起：金黄鹦哥（*Aratinga solstitialis*），濒危；红嘴蓝鹊（*Urocissa erythroryncha*），无危；渡鸦（*Corvus corax*），无危；非洲灰鹦鹉（*Psittacus erithacus*），濒危；**第二排左起**：灰短嘴澳鸦（*Struthidea cinerea*），无危；黄弯嘴犀鸟（*Tockus flavirostris*），无危；北非双领花蜜鸟（*Cinnyris reichenowi*），无危；**第三排左起**：非洲白颈鸦（*Corvus albus*），无危；角鸬鹚（*Phalacrocorax auritus*），无危；阿德利企鹅（*Pygoscelis adeliae*），无危；红胁绿鹦鹉（*Eclectus roratus*），无危；灰雁（*Anser anser*），无危

第六章

第一排左起：加州神鹫（*Gymnogyps californianus*），极危；白顶啄羊鹦鹉（*Nestor meridionalis*），濒危；蓝头黑鹂（*Euphagus cyanocephalus*），无危；夏威夷黑雁（*Branta sandvicensis*），易危；**第二排左起**：黄头叫隼（*Milvago chimachima*），无危；蓝翅岭裸鼻雀（*Anisognathus somptuosus*），无危；**第三排左起**：走鹃（*Geococcyx californianus*），无危；白翅栖鸭（*Asarcornis scutulata*），濒危；紫青水鸡（*Porphyrio martinicus*），无危；鹰头鹦哥（*Deroptyus accipitrinus accipitrinus*），无危；黑鸢（*Milvus migrans*），无危

第七章

鸟类名录索引

此处按首次出现的顺序列出了书中所有鸟类的俗名及照片拍摄的地点，并尽可能列出其所在机构的网址以便读者查阅。

www.wellingtonzoo.com
48—49: 鹫珠鸡 , Lincoln Children's Zoo, Lincoln, Nebraska | www.lincolnzoo.org

第一印象
50: 彩冠凤头鹦鹉 , Parrots in Paradise, Glass House Mountains, Australia | www.parrotsinparadise.net
50: 非洲琵鹭 , Houston Zoo, Houston, Texas | www.houstonzoo.org
50: 金雕 , Point Defiance Zoo & Aquarium, Tacoma, Washington | www.pdza.org
50: 巴布亚企鹅 , Omaha's Henry Doorly Zoo & Aquarium, Omaha, Nebraska | www.omahazoo.com
50: 棕犀鸟 , Jurong Bird Park, Singapore | www.birdpark.com.sg
50: 红喉北蜂鸟 , Omaha, Nebraska
50: 蓝孔雀 , Lincoln Children's Zoo, Lincoln, Nebraska | www.lincolnzoo.org
50: 白枕鹤 , Columbus Zoo and Aquarium, Powell, Ohio | www.columbuszoo.org
51: 黄胸草鹀 (wú), Kissimmee Prairie Preserve State Park, Okeechobee, Florida | www.floridastateparks.org
51: 燕隼 , Budapest Zoo, Budapest, Hungary | www.zoobudapest.com
51: 红颊蓝饰雀 , Private Facility
51: 北岛褐几维鸟 , Kiwi Birdlife Park, Queenstown, New Zealand | www.kiwibird.co.nz
51: 簇羽海鹦 , Omaha's Henry Doorly Zoo & Aquarium, Omaha, Nebraska | www.omahazoo.com
51: 黑冕鹤 , Columbus Zoo and Aquarium, Powell, Ohio | www.columbuszoo.org
54—55: 淡蓝梅花雀 , Tulsa Zoo, Tulsa, Oklahoma | www.tulsazoo.org
54—55: 蓝顶蓝饰雀 , Tulsa Zoo, Tulsa, Oklahoma | www.tulsazoo.org
54—55: 红头环喉雀 , Tulsa Zoo, Tulsa, Oklahoma | www.tulsazoo.org
54—55: 黑喉草雀 , Tulsa Zoo, Tulsa, Oklahoma | www.tulsazoo.org
56—57: 蓝孔雀 , Lincoln Children's Zoo, Lincoln, Nebraska | www.lincolnzoo.org
58—59: 矛隼 , Point Defiance Zoo & Aquarium, Tacoma, Washington | www.pdza.org
60—61: 巴布亚企鹅 , Omaha's Henry Doorly Zoo & Aquarium, Omaha, Nebraska | www.omahazoo.com
62: 燕隼 , Budapest Zoo, Budapest, Hungary | www.zoobudapest.com
63: 金雕 , Point Defiance Zoo & Aquarium, Tacoma, Washington | www.pdza.org
64: 非洲鸵鸟 , Omaha's Henry Doorly Zoo & Aquarium, Omaha, Nebraska | www.omahazoo.com
65: 纹翅食蜜鸟 , Private Facility
66: 沙丘鹤 , George M. Sutton Avian Research Center, Bartlesville, Oklahoma | www.suttoncenter.org
66: 东方白鹳 , Suzhou Zoo, Suzhou, China
66: 白枕鹤 , Columbus Zoo and Aquarium, Powell, Ohio | www.columbuszoo.org
67: 黄嘴鹮 (huán) 鹳 , The Living Desert, Palm Desert, California | www.livingdesert.org
68: 黄胸草鹀 , Kissimmee Prairie Preserve State Park, Okeechobee, Florida | www.floridastateparks.org
69: 金腰钟声拟鬣 (liè), Bioko Island, Equatorial Guinea
70—71: 北岛褐几维鸟 , Kiwi Birdlife Park, Queenstown, New Zealand | www.kiwibird.co.nz
72—73: 短尾雕 , Los Angeles Zoo, Los Angeles, California | www.lazoo.org
74: 鸳鸯 , Private Facility
74: 鸮鹦鹉 , Zealandia, Wellington, New Zealand | www.visitzealandia.com
74: 安第斯神鹰 , Tampa's Lowry Park Zoo, Tampa, Florida | www.lowryparkzoo.com
74: 大白鹭 , Caldwell Zoo, Tyler, Texas | www.caldwellzoo.org
74: 非洲琵鹭 , Houston Zoo, Houston, Texas | www.houstonzoo.org
74: 肉垂凤冠雉 , Caldwell Zoo, Tyler, Texas | www.caldwellzoo.org
74: 秘鲁鹈鹕 (tí hú), Jurong Bird Park, Singapore | www.birdpark.com.sg
75: 马来犀鸟 , Santa Barbara Zoo, Santa Barbara, California | www.sbzoo.org
75: 簇羽海鹦 , Omaha's Henry Doorly Zoo & Aquarium, Omaha, Nebraska | www.omahazoo.com
75: 美洲红鹳 , Lincoln Children's Zoo, Lincoln, Nebraska | www.lincolnzoo.org
75: 玫胸白斑翅雀 , Columbus Zoo and Aquarium, Powell, Ohio | www.columbuszoo.org
75: 多斑簇舌巨嘴鸟 , Dallas World Aquarium, Dallas, Texas | www.dwazoo.com
76: 茶色蟆口鸱 (chī), Pelican and Seabird Rescue Inc., Thorneside, Australia | www.pelicanandseabirdrescue.org.au
77: 肉垂水雉 , National Aviary of Colombia, Barú, Colombia | www.acopazoa.org
78—79: 棕尾虹雉 , Santa Barbara Zoo, Santa Barbara, California | www.sbzoo.org
80: 绿翅金刚鹦鹉 , World Bird Sanctuary, Valley Park, Missouri | www.worldbirdsanctuary.org
80: 红眉亚马孙鹦鹉 , Rare Species Conservatory Foundation, Loxahatchee, Florida | www.rarespecies.org
80: 黑顶吸蜜鹦鹉 , Indianapolis Zoo, Indianapolis, Indiana | www.indianapoliszoo.com
80: 琉璃金刚鹦鹉 , Parrots in Paradise, Glass House Mountains, Australia | www.parrotsinparadise.net
80: 黑腿鹦鹉 , Rare Species Conservatory Foundation, Loxahatchee, Florida | www.rarespecies.org
80: 粉红凤头鹦鹉 , Private Facility
80: 红眉亚马孙鹦鹉 , World Bird Sanctuary, Valley Park, Missouri | www.worldbirdsanctuary.org
80: 红额亚马孙鹦鹉 , Fort Worth Zoo, Fort Worth, Texas | www.fortworthzoo.org
80: 橙腹鹦鹉 , Healesville Sanctuary, Healesville, Australia | www.zoo.org.au/healesville
82—83: 美洲红鹮 , Caldwell Zoo, Tyler, Texas | www.caldwellzoo.org IN

翱翔天际
84: 安达曼草鸮 , Kamla Nehru Zoological Garden, Ahmedabad, India | www.ahmedabadzoo.in
84: 蓑羽鹤 , Sylvan Heights Bird Park, Scotland Neck, North Carolina | www.shwpark.com
84: 黑美洲鹫 , Wildcare Foundation, Noble, Oklahoma | www.wildcareoklahoma.org
84: 普通翠鸟 , Alpenzoo, Innsbruck, Austria | www.alpenzoo.at
84: 波兰鸡 , Soukup Farms, Dover Plains, New York | www.soukupfarms.com
84: 红冠灰凤头鹦鹉 , Parrots in Paradise, Glass House Mountains, Australia | www.parrotsinparadise.net
84: 帽带企鹅 , Newport Aquarium, Newport, Kentucky | www.newportaquarium.com
85: 普通楼燕 , Budapest Zoo, Budapest, Hungary | www.zoobudapest.com
85: 红顶蜡嘴鹀 , Miller Park Zoo, Bloomington, Illinois | www.mpzs.org
85: 白凤头鹦鹉 , Bramble Park Zoo, Watertown, South Dakota |

www.brambleparkzoo.com
85: 新几内亚极乐鸟, Cincinnati Zoo, Cincinnati, Ohio | www.cincinnatizoo.org
86: 红嘴巨鸥, Tracy Aviary, Salt Lake City, Utah | www.tracyaviary.org
88—89: 帽带企鹅, Newport Aquarium, Newport, Kentucky | www.newportaquarium.com
90—91: 新几内亚极乐鸟, Cincinnati Zoo, Cincinnati, Ohio | www.cincinnatizoo.org
92: 安达曼草鸮, Kamla Nehru Zoological Garden, Ahmedabad, India | www.ahmedabadzoo.in
93: 欧绒鸭, Sylvan Heights Bird Park, Scotland Neck, North Carolina | www.shwpark.com
94: 长嘴凤头鹦鹉, Healesville Sanctuary, Healesville, Australia | www.zoo.org.au/healesville
95: 葵花凤头鹦鹉, Minnesota Zoo, Apple Valley, Minnesota | www.mnzoo.org
95: 玄凤鹦鹉, Riverside Discovery Center, Scottsbluff, Nebraska | www.riversidediscoverycenter.org
95: 棕树凤头鹦鹉, Jurong Bird Park, Singapore | www.birdpark.com.sg
95: 红冠灰凤头鹦鹉, Parrots in Paradise, Glass House Mountains, Australia | www.parrotsinparadise.net
95: 小葵花凤头鹦鹉, Jurong Bird Park, Singapore | www.birdpark.com.sg
96—97: 普通楼燕, Budapest Zoo, Budapest, Hungary | www.zoobudapest.com
98: 褐头翡翠, Gorongosa National Park, Sofala, Mozambique | www.gorongosa.org
99: 白颈蜂鸟, Gamboa, Panama
100—101: 白枕鹊鸭, Sylvan Heights Bird Park, Scotland Neck, North Carolina | www.shwpark.com
102—103: 环喉雀, Tulsa Zoo, Tulsa, Oklahoma | www.tulsazoo.org
104—105: 小白额雁, Sylvan Heights Bird Park, Scotland Neck, North Carolina | www.shwpark.com
106: 紫辉椋 (liáng) 鸟, Kansas City Zoo, Kansas City, Missouri | www.kansascityzoo.org
106: 栗头丽椋鸟, Omaha's Henry Doorly Zoo & Aquarium, Omaha, ebraska | www.omahazoo.com
106: 金胸丽椋鸟, Zoo Atlanta, Atlanta, Georgia | www.zooatlanta.org
106: 长尾丽椋鸟, Private Facility
106: 黑领椋鸟, Plzeň Zoo, Plzeň, Czech Republic | www.zooplzen.cz
107: 翠辉椋鸟, Plzeň Zoo, Plzeň, Czech Republic | www.zooplzen.cz
107: 黑翅椋鸟, Jurong Bird Park, Singapore | www.birdpark.com.sg
107: 紫辉椋鸟, Topeka Zoo, Topeka, Kansas | www.topekazoo.org
108: 北极燕鸥, Buttonwood Park Zoo, New Bedford, Massachusetts | www.bpzoo.org
110—111: 西域兀鹫, Cheyenne Mountain Zoo, Colorado Springs, Colorado | www.cmzoo.org
112: 蓑羽鹤, Sylvan Heights Bird Park, Scotland Neck, North Carolina | www.shwpark.com
113: 白鹳, Lincoln Children's Zoo, Lincoln, Nebraska | www.lincolnzoo.org

觅食

114: 欧洲绿啄木鸟, Budapest Zoo, Budapest, Hungary | www.zoobudapest.com
114: 凤头巨隼, Gladys Porter Zoo, Brownsville, Texas | www.gpz.org
114: 中杓鹬, National Aviary of Colombia, Barú, Colombia | www.acopazoa.org
114: 澳洲鸦, Pelican and Seabird Rescue Inc., Thorneside, Australia | www.pelicanandseabirdrescue.org.au
114: 红嘴巨嘴鸟, Alabama Gulf Coast Zoo, Gulf Shores, Alabama | www.alabamagulfcoastzoo.org
114: 笛鸻 (héng), North Bend, Nebraska
115: 白颊犀鸟, Tampa's Lowry Park Zoo, Tampa, Florida | www.lowryparkzoo.com
115: 乌林鸮, New York State Zoo at Thompson Park, Watertown, New York | www.nyszoo.org
115: 橡树啄木鸟, Wildlife Images Rehabilitation and Education Center, Grants Pass, Oregon | www.wildlifeimages.org
115: 小红鹳, Cleveland Metroparks Zoo, Cleveland, Ohio | www.clevelandmetroparks.com/zoo
115: 黑兀鹫, Palm Beach Zoo, West Palm Beach, Florida | www.palmbeachzoo.org
116: 澳洲鸦, Pelican and Seabird Rescue Inc., Thorneside, Australia | www.pelicanandseabirdrescue.org.au
118—119: 翻石鹬, Conserve Wildlife Foundation of New Jersey, New Jersey | www.conservewildlifenj.org
120—121: 乌林鸮, New York State Zoo at Thompson Park, Watertown, New York | www.nyszoo.org
122—123: 斯氏鵟 (kuáng), Raptor Recovery, Elmwood, Nebraska | www.fontenelleforest.org
124: 三色伞鸟, Dallas World Aquarium, Dallas, Texas | www.dwazoo.com
125: 卡氏夜鹰, Wichita Mountains National Wildlife Refuge, Indiahoma, Oklahoma
126—127: 中杓鹬, National Aviary of Colombia, Barú, Colombia | www.acopazoa.org
128: 北方地犀鸟, Los Angeles Zoo, Los Angeles, California | www.lazoo.org
129: 棕尾犀鸟, Plzeň Zoo, Plzeň, Czech Republic | www.zooplzen.cz
129: 皱盔犀鸟, Penang Bird Park, Perai, Malaysia | www.penangbirdpark.com.my
129: 花冠皱盔犀鸟, Tracy Aviary, Salt Lake City, Utah | www.tracyaviary.org
129: 白颊犀鸟, Tampa's Lowry Park Zoo, Tampa, Florida | www.lowryparkzoo.com
129: 红嘴弯嘴犀鸟, Omaha's Henry Doorly Zoo & Aquarium, Omaha, Nebraska | www.omahazoo.com
130—131: 小红鹳, Cleveland Metroparks Zoo, Cleveland, Ohio | www.clevelandmetroparks.com/zoo
132: 澳洲鹈鹕, Plzeň Zoo, Plzeň, Czech Republic | www.zooplzen.cz
133: 褐鲣 (jiān) 鸟, International Bird Rescue, San Pedro, California | www.bird-rescue.org
134: 半蹼鸻 (pǔ héng), Monterey Bay Aquarium, Monterey, California | www.montereybayaquarium.org
134: 双领鸻, Killdeer, Columbus Zoo and Aquarium, Powell, Ohio | www.columbuszoo.org
134: 凤头距翅麦鸡, Palm Beach Zoo, West Palm Beach, Florida | www.palmbeachzoo.org
134: 黑胸距翅麦鸡, Houston Zoo, Houston, Texas | www.houstonzoo.org
134: 白颈麦鸡, Sylvan Heights Bird Park, Scotland Neck, North Carolina | www.shwpark.com
134: 灰斑鸻, Marathon Wild Bird Center, Marathon, Florida | www.marathonbirdcenter.org
135: 白颈麦鸡, Private Facility
135: 雪鸻, Monterey Bay Aquarium, Monterey, California | www.montereybayaquarium.org
135: 笛鸻, Fremont, Nebraska
136—137: 王企鹅, Indianapolis Zoo, Indianapolis, Indiana |

www.indianapoliszoo.com
138–139: 南非兀鹫，Cheyenne Mountain Zoo, Colorado Springs, Colorado | www.cmzoo.org
140: 高山兀鹫，Assam State Zoo and Botanical Garden, Assam, India | www.assamforest.in
140: 白兀鹫，Parco Natura Viva, Bussolengo, Italy | www.parconaturaviva.it
140: 大黄头美洲鹫，Sedgwick County Zoo, Wichita, Kansas | www.scz.org
140: 白背兀鹫，White-rumped Vulture, Kamla Nehru Zoological Garden, Ahmedabad, India | www.ahmedabadzoo.in
140: 秃鹫，The Living Desert, Palm Desert, California | www.livingdesert.org
141: 黑兀鹫，Palm Beach Zoo, West Palm Beach, Florida | www.palmbeachzoo.org
141: 黑美洲鹫，Sylvan Heights Bird Park, Scotland Neck, North Carolina | www.shwpark.com
141: 棕榈鹫，Jurong Bird Park, Singapore | www.birdpark.com.sg
142–143: 王鹫，Gladys Porter Zoo, Brownsville, Texas | www.gpz.org

传宗接代
144: 夏威夷黑雁，Sylvan Heights Bird Park, Scotland Neck, North Carolina | www.shwpark.com
144: 蓝翅黄森莺，Virginia Aquarium & Marine Science Center, Virginia Beach, Virginia | www.virginiaaquarium.com
144: 澳洲国王鹦鹉，Parrots in Paradise, Glass House Mountains, Australia | www.parrotsinparadise.net
144: 崖海鸦的蛋，University of Nebraska State Museum, Lincoln, Nebraska | www.museum.unl.edu
144: 凤头海雀，Cincinnati Zoo, Cincinnati, Ohio | www.cincinnatizoo.org
144: 长脚秧鸡，Plzeň Zoo, Plzeň, Czech Republic | www.zooplzen.cz
144: 安第斯动冠伞鸟，National Aviary of Colombia, Barú, Colombia | www.acopazoa.org
145: 华丽琴鸟，Healesville Sanctuary, Healesville, Australia | www.zoo.org.au/healesville
145: 白枕鹤，Columbus Zoo and Aquarium, Powell, Ohio | www.columbuszoo.org
145: 黑天鹅，Kansas City Zoo, Kansas City, Missouri | www.kansascityzoo.org
145: 黑颈天鹅，Sylvan Heights Bird Park, Scotland Neck, North Carolina | www.shwpark.com
145: 长尾林鸮，Plzeň Zoo, Plzeň, Czech Republic | www.zooplzen.cz
146: 澳洲国王鹦鹉，Parrots in Paradise, Glass House Mountains, Australia | www.parrotsinparadise.net
148–149: 华丽琴鸟，Healesville Sanctuary, Healesville, Australia | www.zoo.org.au/healesville
150–151: 环颈鸭，Sylvan Heights Bird Park, Scotland Neck, North Carolina | www.shwpark.com
152: 桃脸牡丹鹦鹉，Tampa's Lowry Park Zoo, Tampa, Florida | www.lowryparkzoo.com
153: 凤头海雀，Cincinnati Zoo, Cincinnati, Ohio | www.cincinnatizoo.org
154–155: 凤冠孔雀雉，Pheasant Heaven, Clinton, North Carolina
156–157: 长脚秧鸡，Plzeň Zoo, Plzeň, Czech Republic | www.zooplzen.cz
158: 棕林鸫，St. Francis Wildlife Association, Quincy, Florida | www.stfranciswildlife.org
159: 鹂莺，Oklahoma City Zoo, Oklahoma City, Oklahoma | www.okczoo.org
159: 丛林鹟鹛 (méi), Kamla Nehru Zoological Garden, Ahmedabad, India | www.ahmedabadzoo.in
159: 黄头黑鹂，New Mexico Wildlife Center, Espanola, New Mexico | www.thewildlifecenter.org
159: 红嘴相思鸟，Houston Zoo, Houston, Texas | www.houstonzoo.org
159: 蓝翅黄森莺，Virginia Aquarium & Marine Science Center, Virginia Beach, Virginia | www.virginiaaquarium.com
161: 沙丘鹤，Great Plains Zoo, Sioux Falls, South Dakota | www.greatzoo.org
162: 华美极乐鸟，Houston Zoo, Houston, Texas | www.houstonzoo.org
163: 红极乐鸟，Houston Zoo, Houston, Texas | www.houstonzoo.org
164–165: 安第斯动冠伞鸟，National Aviary of Colombia, Barú, Colombia | www.acopazoa.org
166–167: 蓝翅笑翠鸟，Houston Zoo, Houston, Texas | www.houstonzoo.org
168: 黑天鹅，Kansas City Zoo, Kansas City, Missouri | www.kansascityzoo.org
168: 小天鹅，Sylvan Heights Bird Park, Scotland Neck, North Carolina | www.shwpark.com
168: 黑颈天鹅，Omaha's Henry Doorly Zoo & Aquarium, Omaha, Nebraska | www.omahazoo.com
168: 黑天鹅，Sylvan Heights Bird Park, Scotland Neck, North Carolina | www.shwpark.com
169: 黑嘴天鹅，Houston Zoo, Houston, Texas | www.houstonzoo.org
169: 大天鹅，Sylvan Heights Bird Park, Scotland Neck, North Carolina | www.shwpark.com
169: 黑颈天鹅，Sylvan Heights Bird Park, Scotland Neck, North Carolina | www.shwpark.com
170: 雕鸮，Zoo Atlanta, Atlanta, Georgia | www.zooatlanta.org
171: 斑雕鸮，Plzeň Zoo, Plzeň, Czech Republic | www.zooplzen.cz
172–173: 金头绿咬鹃，Houston Zoo, Houston, Texas | www.houstonzoo.org
174: 黄雕鸮，Zoo Atlanta, Atlanta, Georgia | www.zooatlanta.org
174: 崖海鸦的蛋，University of Nebraska State Museum, Lincoln, Nebraska | www.museum.unl.edu
174: 普通拟八哥，Private Facility
174: 小蓝企鹅，Cincinnati Zoo, Cincinnati, Ohio | www.cincinnatizoo.org
174: 夏威夷黑雁，Sylvan Heights Bird Park, Scotland Neck, North Carolina | www.shwpark.com
174: 白枕鹊鸭，National Mississippi River Museum & Aquarium, Dubuque, Iowa | www.rivermuseum.com
175: 智利红鹳，Houston Zoo, Houston, Texas | www.houstonzoo.org
175: 长尾林鸮，Plzeň Zoo, Plzeň, Czech Republic | www.zooplzen.cz
176: 咳声翠鴗 (lì), National Aviary of Colombia, Barú, Colombia | www.acopazoa.org
177: 黄喉蜂虎，Budapest Zoo, Budapest, Hungary | www.zoobudapest.com

鸟类的大脑
178: 金黄鹦哥，Bramble Park Zoo, Watertown, South Dakota | www.brambleparkzoo.com
178: 红嘴蓝鹊，Houston Zoo, Houston, Texas | www.houstonzoo.org
178: 灰短嘴澳鸦，Healesville Sanctuary, Healesville, Australia | www.zoo.org.au/healesville
178: 黄弯嘴犀鸟，Indianapolis Zoo, Indianapolis, Indiana | www.indianapoliszoo.com
178: 北非双领花蜜鸟，Bioko Island, Equatorial Guinea
178: 非洲白颈鸦，Ocean Park, Hong Kong | www.oceanpark.com.hk
178: 角鸬鹚，Cincinnati Zoo, Cincinnati, Ohio | www.cincinnatizoo.org
179: 渡鸦，Los Angeles Zoo, Los Angeles, California | www.lazoo.org
179: 非洲灰鹦鹉，Dallas Zoo, Dallas, Texas | www.dallaszoo.com
179: 阿德利企鹅，Faunia, Madrid, Spain | www.faunia.es
179: 红胁绿鹦鹉，Parrots in Paradise, Glass House Mountains, Australia |

www.parrotsinparadise.net
179: 灰雁, Sylvan Heights Bird Park, Scotland Neck, North Carolina | www.shwpark.com
180: 阿德利企鹅, Faunia, Madrid, Spain | www.faunia.es
182—183: 星雀, Melbourne Zoo, Parkville, Australia | www.zoo.org.au/melbourne
184—185: 红嘴蓝鹊, Houston Zoo, Houston, Texas | www.houstonzoo.org
186—187: 金黄鹦哥, Bramble Park Zoo, Watertown, South Dakota | www.brambleparkzoo.com
188: 黑水鸡, Private Facility
189: 华丽细尾鹩莺, Healesville Sanctuary, Healesville, Australia | www.zoo.org.au/healesville
190: 军金刚鹦鹉, Denver Zoo, Denver, Colorado | www.denverzoo.org
190—191: 琉璃金刚鹦鹉, Denver Zoo, Denver, Colorado | www.denverzoo.org
192: 灰短嘴澳鸦, Healesville Sanctuary, Healesville, Australia | www.zoo.org.au/healesville
193: 崖海鸦, Omaha's Henry Doorly Zoo & Aquarium, Omaha, Nebraska | www.omahazoo.com
194—195: 非洲白颈鸦, Ocean Park, Hong Kong | www.oceanpark.com.hk
196: 赤喉蜂虎, Oklahoma City Zoo, Oklahoma City, Oklahoma | www.okczoo.org
196: 北美星鸦, University of Nebraska-Lincoln, Lincoln, Nebraska | www.unl.edu
196: 家鸦, Kamla Nehru Zoological Garden, Ahmedabad, India | www.ahmedabadzoo.in
196: 红胁绿鹦鹉, Parrots in Paradise, Glass House Mountains, Australia | www.parrotsinparadise.net
196: 黑喉鹊鸦, Houston Zoo, Houston, Texas | www.houstonzoo.org
196: 短嘴鸦, George M. Sutton Avian Research Center, Bartlesville, Oklahoma | www.suttoncenter.org
197: 灰喜鹊, University of Nebraska-Lincoln, Lincoln, Nebraska | www.unl.edu
197: 绒冠蓝鸦, Houston Zoo, Houston, Texas | www.houstonzoo.org
197: 丛鸦, Cape Canaveral, Florida
197: 冠小嘴乌鸦, Budapest Zoo, Budapest, Hungary | www.zoobudapest.com
197: 非洲灰鹦鹉, Dallas Zoo, Dallas, Texas | www.dallaszoo.com
198: 渡鸦, Los Angeles Zoo, Los Angeles, California | www.lazoo.org
199: 啄羊鹦鹉, Wellington Zoo, Wellington, New Zealand | www.wellingtonzoo.com

未 来

200: 加州神鹫, Phoenix Zoo, Phoenix, Arizona | www.phoenixzoo.org
200: 白顶啄羊鹦鹉, Wellington Zoo, Wellington, New Zealand | www.wellingtonzoo.com
200: 黄头叫隼, Summit Municipal Park, Gamboa, Panama
200: 走鹃, George M. Sutton Avian Research Center, Bartlesville, Oklahoma | www.suttoncenter.org
200: 蓝翅岭裸鼻雀, National Aviary of Colombia, Barú, Colombia | www.acopazoa.org
200: 白翅栖鸭, Sylvan Heights Bird Park, Scotland Neck, North Carolina | www.shwpark.com
201: 蓝头黑鹂, Tracy Aviary, Salt Lake City, Utah | www.tracyaviary.org
201: 夏威夷黑雁, Great Plains Zoo, Sioux Falls, South Dakota | www.greatzoo.org
201: 紫青水鸡, Virginia Aquarium & Marine Science Center, Virginia Beach, Virginia | www.virginiaaquarium.com
201: 鹰头鹦哥, Houston Zoo, Houston, Texas | www.houstonzoo.org
201: 黑鸢, Botanical and Zoological Garden of Tsimbazaza, Antananarivo, Madagascar
202: 山齿鹑, Phoenix Zoo, Phoenix, Arizona | www.phoenixzoo.org
204—205: 白顶啄羊鹦鹉, Wellington Zoo, Wellington, New Zealand | www.wellingtonzoo.com
206—207: 蓝嘴凤冠雉, National Aviary of Colombia, Barú, Colombia | www.acopazoa.org
208: 白鹤, Tulsa Zoo, Tulsa, Oklahoma | www.tulsazoo.org
209: 隐鹮, Houston Zoo, Houston, Texas | www.houstonzoo.org
210—211: 白翅栖鸭, Sylvan Heights Bird Park, Scotland Neck, North Carolina | www.shwpark.com
212—213: 加州神鹫, Phoenix Zoo, Phoenix, Arizona | www.phoenixzoo.org
214—215: 黑头鹮鹳, Sedgwick County Zoo, Wichita, Kansas | www.scz.org
216: 夏威夷鹭, Houston Zoo, Houston, Texas | www.houstonzoo.org
216: 莱岛鸭, Laysan Duck, Omaha's Henry Doorly Zoo & Aquarium, Omaha, Nebraska | www.omahazoo.com
216: 草原榛鸡, Greater Prairie-Chicken, Caldwell Zoo, Tyler, Texas | www.caldwellzoo.org
216: 马岛潜鸭, Pochard Breeding Center, Madagascar
216: 黑纹背林莺, Mio, Michigan
216: 长冠八哥, Cheyenne Mountain Zoo, Colorado Springs, Colorado | www.cmzoo.org
216: 红顶啄木鸟, North Carolina Zoo, Asheboro, North Carolina | www.nczoo.org
217: 关岛秧鸡, Sedgwick County Zoo, Wichita, Kansas | www.scz.org
217: 夏威夷黑雁, Sylvan Heights Bird Park, Scotland Neck, North Carolina | www.shwpark.com
217: 索岛哀鸽, Tracy Aviary, Salt Lake City, Utah | www.tracyaviary.org
217: 粉红鸽, Sedgwick County Zoo, Wichita, Kansas | www.scz.org
217: 爱氏鹇, Pheasant Heaven, Clinton, North Carolina
218—219: 原鸽, Private Facility
220: 家八哥, Private Facility
221: 家麻雀, Lincoln, Nebraska
223: 白头海雕, George M. Sutton Avian Research Center, Bartlesville, Oklahoma | www.suttoncenter.org
224: 巽他领角鸮, Penang Bird Park, Perai, Malaysia | www.penangbirdpark.com.my
224: 蓝颈唐加拉雀, National Aviary of Colombia, Barú, Colombia | www.acopazoa.org
224: 黄头叫隼, Summit Municipal Park, Gamboa, Panama
224: 角雕, Los Angeles Zoo, Los Angeles, California | www.lazoo.org
224: 橙额果鸠, Plzeň Zoo, Plzeň, Czech Republic | www.zooplzen.cz
225: 靓鹦鹉, Parrots in Paradise, Glass House Mountains, Australia | www.parrotsinparadise.net
225: 黑红阔嘴鸟, Penang Bird Park, Perai, Malaysia | www.penangbirdpark.com.my
225: 红脚旋蜜雀, Miller Park Zoo, Bloomington, Illinois | www.mpzs.org
226: 鹰头鹦哥, Houston Zoo, Houston, Texas | www.houstonzoo.org
227: 紫青水鸡, Virginia Aquarium & Marine Science Center, Virginia Beach, Virginia | www.virginiaaquarium.com
228—229: 白尾鹭, National Aviary of Colombia, Barú, Colombia | www.acopazoa.org

自 1888 年起，美国国家地理学会已资助了全世界 12 000 多个研究、探险和保护项目。

美国国家地理官方网址为 nationalgeographic.com/join。

致 谢

不计其数的人曾帮助过“影像方舟”项目，这短短的一页纸完全无法列出他们每个人的名字。在此我只能说：感谢所有相关的动物园、水族馆、私人饲养者和野生动物保育中心，能够允许我拍摄他们精心照顾了多年的动物们，同时希望所有的读者都能多多支持所在地的这类组织，他们一直都奋斗在抵抗灭绝悲剧的最前线；感谢所有资助过“影像方舟”项目的人们，其中有私人募捐者，也有像美国国家地理学会、野生动物保护者、保护国际基金会、海洋保护协会、奥杜邦学会这样的官方机构；感谢为这个项目不懈努力了多年的人们，从我们的科学指导皮埃尔·夏巴纳（Pierre de Chabannes）到乔尔·萨托摄影工作室的全体员工；感谢我的妻子凯西（Kathy）、女儿艾伦（Ellen）和儿子斯宾塞（Spencer），感谢他们对我经常长期外出拍摄的理解和支持；感谢我的儿子科尔（Cole），感谢他在我这么多年的旅途中给予了我最多的随身陪伴。

最后，我要感谢我的父母，约翰·萨托（John Sartore）和莎拉·萨托（Sharon Sartore）。他们从小就在我的心中种下了热爱自然的种子，并教会了我勤奋工作的可贵。他们赠予了我飞翔的起点。

衷心地感谢所有人。

——乔尔·萨托

作为一个观鸟狂人，参与《国家地理珍稀鸟类全书》仿佛是一场寻梦之旅。我感谢乔尔·萨托拍下了书中这数百张令人惊艳不已的鸟类照片；感谢美国国家地理杂志社图书部的高级编辑苏珊·泰勒·希契柯克（Susan Tyler Hitchcock）、创意总监梅丽莎·法里斯（Melissa Farris）、高级图片编辑莫伊拉·哈尼（Moira Haney）和助理编辑米歇尔·卡西迪（Michelle C. Cassidy），他们的眼光、技能和创意使得本书最终能够顺利出版；感谢我在斯克维尔·伽林·戈什文学出版公司（Scovil Galen Ghosh Literary Agency）的经纪人罗塞尔·伽林（Russell Galen），从一开始他就对这本书倍加关注；感谢我的父母，丽莎·斯特瑞克（Lisa Strycker）和鲍勃·基弗（Bob Keefer），他们无私的支持对我而言意味着一切。2018 年是“鸟类之年[1]”，这本书无疑是献给它的一份绝佳礼物。能够令这个美丽的梦绽放在现实中，我倍感荣幸。

——诺亚·斯特瑞克

① 奥杜邦学会、美国国家地理学会、康奈尔鸟类学实验室和国际鸟盟等将 2018 年指定为“鸟类之年”——the Year of the Bird，并在这一年开展了一系列与鸟类相关的活动。

图书在版编目（CIP）数据

国家地理珍稀鸟类全书 /（美）乔尔・萨托摄影；（美）诺亚・斯特瑞克著；胡晗，王维译. -- 南京：江苏凤凰科学技术出版社，2019.7（2023.11重印）
ISBN 978-7-5713-0286-3

I. ①国 ... II. ①乔 ... ②诺 ... ③胡 ... ④王 ... III. ①鸟类—世界—摄影集 Ⅳ. ① Q959.708-64

中国版本图书馆 CIP 数据核字 (2019) 第 072932 号

Photographs and Foreword Copyright © 2018 Joel Sartore
Photographs and Foreword Copyright © 2018 (Simplified Chinese Edition) Joel Sartore

All Other Text Copyright © 2018 Noah Strycker
All Other Text Copyright © 2018 (Simplified Chinese Edition) Noah Strycker

Compilation Copyright © 2018 National Geographic Partners, LLC.
Compilation Copyright © 2018 (Simplified Chinese Edition) National Geographic Partners, LLC

All rights reserved. Reproduction of the whole or any part of the contents without written permission from the publisher is prohibited.

NATIONAL GEOGRAPHIC and Yellow Border Design are trademarks of the National Geographic Society, used under license.

This edition is published by Beijing Highlight Press Co., Ltd under licensing agreement with National Geographic Partners, LLC arranged by Big Apple Agency, INC., Labuan, Malaysia.

江苏省版权局著作权合同登记 10-2019-095

国家地理珍稀鸟类全书

摄　　影	[美] 乔尔・萨托（Joel Sartore）
著　　者	[美] 诺亚・斯特瑞克（Noah Strycker）
译　　者	胡 晗　王 维
责任编辑	谷建亚　沙玲玲
助理编辑	汪玲娟
责任校对	仲 敏
责任监制	刘文洋
出版发行	江苏凤凰科学技术出版社
出版社地址	南京市湖南路 1 号 A 楼，邮编：210009
出版社网址	http://www.pspress.cn
印　　刷	上海当纳利印刷有限公司
开　　本	889mm × 914mm　1/12
印　　张	20
插　　页	4
字　　数	280 000
版　　次	2019 年 7 月第 1 版
印　　次	2023 年 11 月第 8 次印刷
标准书号	ISBN 978-7-5713-0286-3
定　　价	128.00 元（精）

图书如有印装质量问题，可随时向我社印务部调换。